城市排水
与污水处理管理工作研究

吕守胜　著

吉林科学技术出版社

图书在版编目（CIP）数据

城市排水与污水处理管理工作研究 / 吕守胜著 . --
长春 : 吉林科学技术出版社 , 2022.5
ISBN 978-7-5578-9315-6

Ⅰ . ①城… Ⅱ . ①吕… Ⅲ . ①市政工程—排水工程—
研究②城市污水处理—研究 Ⅳ . ① TU992 ② X703

中国版本图书馆 CIP 数据核字 (2022) 第 072882 号

城市排水与污水处理管理工作研究

著	吕守胜	
出 版 人	宛 霞	
责任编辑	李玉铃	
封面设计	周 凡	
制 版	周 凡	
幅面尺寸	185mm × 260mm	
开 本	16	
字 数	150 千字	
印 张	11	
印 数	1–1500 册	
版 次	2022年5月第1版	
印 次	2022年5月第1次印刷	

出 版　吉林科学技术出版社
发 行　吉林科学技术出版社
地 址　长春市南关区福祉大路5788号出版大厦A座
邮 编　130118
发行部电话/传真　0431-81629529　81629530　81629531
　　　　　　　　　81629532　81629533　81629534
储运部电话　0431-86059116
编辑部电话　0431-81629510
印 刷　廊坊市印艺阁数字科技有限公司

书 号　ISBN 978-7-5578-9315-6
定 价　58.00元

前言

　　随着我国城市化、工业化进程的加快和人口数量的增加，良好的水环境已成为城市发展以及建设和谐社会的重要前提。城市排水工程是保障城市生活与生产必不可少的重要基础设施之一。城市排水规划是集城市水源、排水、污水处理与综合利用等规划于一体的专项规划，是城市规划的重要组成部分。因此，科学性、合理性、可操作性的城市排水规划以及污水处理工作对城市发展具有重要意义。

　　本书以"城市排水与污水处理管理工作研究"为选题，在内容编排上共设置六章，第一章是城市排水系统概论，内容涵盖城市排水系统及其体制选择、城市排水系统的构成与布置、城市排水管网系统的规划；第二章研究城市道路排水施工技术与应用，内容包括城市道路排水管道施工技术、城市道路降噪排水路面设计与施工、海绵城市理念在城市道路排水施工中的应用；第三章对城市排水设施应急管理与优化、城市排水管网地理信息系统的应用、城市排水管网的数字化建设进行全面分析；第四章研究城市污水及其处理方法、城市污水处理的水质检测、城市污水处理系统的仪表与传感器、城市污水处理与中水系统规划、城市污水处理工程调试与运行管理、城市污水处理技术的发展趋势；第五章围绕城市污水处理厂的试运行、城市污水处理厂系统的运行管理、城市污水处理厂的计算机控制系统、城市污水处理厂运转设施的运行管理展开论述；第六章探讨城市污水处理过程控制系统架构、城市污水处理系统微生物种群的优化、城市污水处理系统中神经网络的应用。

　　本书体系完整、视野开阔，层次清晰，技术上体现了先进性与前瞻性，内容安排上结构严谨、层次清楚、重点突出，行文上语言流畅、文字简练，比较全面地阐释了城市排水与污水处理的相关内容。

　　笔者在撰写本书的过程中，得到了许多专家学者的帮助和指导，在此表示诚挚的谢意。由于笔者水平有限，加之时间仓促，书中所涉及的内容难免有疏漏之处，希望各位读者多提宝贵意见，以便笔者进一步修改，使之更加完善。

目 录

第一章　城市排水系统概论

随着城市外延区域的扩展和规模的扩大，城市排水已发展成为一个复杂庞大的网络系统。在我国城市基础设施建设快速推进的过程中，排水管线的长度、类型和使用状况都发生了显著的变化，如何科学有效地进行排水设施的管理已经成为各个城市和地区面临的一项紧迫任务。本章从城市排水系统及其体制选择入手，研究城市排水系统的构成与布置，为城市排水管网系统的规划提出了建议。

第一节　城市排水系统及其体制选择

一、城市排水系统的分类及其适用条件

传统的排水系统一般采用重力流排水方式，这种方式需要较大的管径和必要的坡度，埋设较深，开挖面积大，工程费用较高，尤其对地域广阔、人口密度较低、地形地质条件受限的地区很不适合。对此，人们开发了压力式和真空式排水系统。近年来，我国一些城市的雨水、污水排水工程中采用了长距离、大流量的压力式排水系统，体现了占地少、工程量小、施工方便、经济合理的优点。

(一) 城市排水系统的分类

1.压力式排水系统

压力式排水系统是通过压力作用，把建筑物的污水引至集水池，利用池内配有破碎机构的污水泵将污水抽升，经由小管径的压力排水支管、干管输送至污水处理设施内或排送到重力流的排水管渠中。系统主要由研磨潜水泵井、压力支管、压力干管组成。研磨潜水泵井内有集水池、研磨潜水泵、逆止阀等，并装有电气和自控设备。压力管道系统有多种形式，有的局部地区采用压力流与重力流相结合；有的全部经压力管道，通过多级压送系统，将污水送至污水处理厂；有的只在中途设加

压泵站提升污水。压力式排水系统主要吸收给水压力工程的技术。[①]

压力式排水系统最初是被作为把合流制下水道改造为分流制下水道的一种方法被提出来的。当时认为采用压力式排水系统排除污水,无需重复开挖道路就可以改制。压力式排水系统污水量相对稳定,且排污水泵性能较高,设备也较完善,电力供应好。压力式排水系统有以下优点:

(1)由于埋深浅、管径小,管沟开挖宽度小,容易施工,可大大缩短工期。

(2)施工时,可以避免破坏自然环境,保护良好的自然和人文景观。

(3)由于是压力输送,管道不必在地势低处选址;污水处理场地的位置也不必选在区域内的最低处,可以自由选定。

(4)重力流排水系统不能防止地下水的渗入,压力流可以避免地下水的渗入。减少污水处理设施的负荷。

(5)在合流制改分流制过程中,根据资金情况便于分期实施。

2.真空式排水系统

真空式排水系统是以真空吸力同时输送污水与空气的污水收集系统,主要由真空阀井、中继真空泵站、真空管道组成。各个家庭排出的污水靠重力流进入真空阀井中的集水井,当污水在集水井内上升到某一高度后,真空阀打开,在真空状态下,污水与空气按一定比例沿真空管路被吸引到中继真空泵站,从而被压送到重力流干管或污水处理厂。真空管道中的固定污物通过与空气混合,与下水管道冲撞,逐渐破碎。真空排水管道是由许多水平管段和很短的上升管段所构成的齿状纵断结构,水平管段以大于0.02的坡度顺水流方向敷设。图1-1[②]为真空下水道示意图。

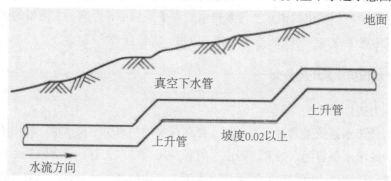

图1-1 真空下水道示意图

真空式排水系统的特点与压力式排水系统相似,如开挖面积小、管道管径小、

① 任伯帜.城市给水排水规划[M].北京:高等教育出版社,2011:171-186.
② 本节图片均引自任伯帜.城市给水排水规划[M].北京:高等教育出版社,2011:241-250.

埋设深度大、建设费用比重力流低，以及建设周期短、地下水渗入少等。其缺点也是维护管理费用高。真空式和压力式排水系统相比，有如下不同点：

（1）真空式易于集中化管理。真空式下水道中，污水的输送靠真空泵，真空式下水道只需在中继真空泵站处设电源，而压力式下水道要求每个研磨井处都设动力电源。

（2）真空式下水道的污水靠真空输送，污水不会漏泄到管道外，可以避免对周围环境的污染。

（3）由于受真空高度限制，真空式下水道适于地形较平坦、起伏较小的地区，而压力式下水道可适于任何坡度。一般真空式下水道的扬程为4m左右，而压力式下水道扬程在20m左右。

（4）真空式下水道气密性要求高，管材条件要好，并要严格施工质量，不能发生真空漏气。

（5）真空式下水道由于污水与空气一起输入管道，污水呈好气性，而压力式管道中呈厌气状态，易产生 H_2S 等。

(二) 城市排水系统的适用条件

压力式和真空式排水系统的工程应用已经较为普遍，技术上也较为成熟，随着设备的完善和管理水平的提高，这项技术将得以广泛推广。在进行规划时，可以结合城市具体条件考虑使用这两种排水方式。我国目前自然重力流占排水管网的首选地位，主要因其技术成熟、维护方便、运行可靠，且管网分布在人口密集的大中城市，管网的建设费用低。而在中小城市或远郊区或因地理条件所限地区，则可考虑采用压力式和真空式排水系统，以降低建设费用。

压力式和真空式排水系统通常适应于以下地区：

（1）地形平坦或起伏多、穿越山谷、河川多的地区。

（2）局部低洼的地区。

（3）地下水位高或地质条件差——如基岩露出、地面多软土层等的地方，开挖深掘困难的地区。

（4）道路狭窄、地下构筑物多、管网密集、施工难度大、赔偿费用多的地区。

（5）人文景观和自然保护区，避免开挖破坏景观，特别适于我国历史文化古城区的改造。

（6）人口密度低、居民分散、建筑物稀少的村落、别墅、观光区等。

（7）资金不足，需要分期建设而逐步完善下水管网的地区。

二、城市排水系统的管材与泵站

(一) 排水管材及选用

1. 排水管材及制品

目前，在我国城市和工业企业中常用的排水管道有混凝土管、钢筋混凝土管、陶土管、塑料管、低压石棉管、金属管等。下面介绍八种常用的排水管渠，大多数为非金属材料，其具有价格便宜和抗蚀性好的特点。

(1) 混凝土管。以混凝土作为主要材料制成的圆形管材，称为混凝土管 (又称素混凝土管)。混凝土管的管径一般小于450mm，长度一般为1m，用捣实法制造的管长仅为0.6m。混凝土管适用于排除雨水、污水，用于重力流管，不承受内压力。

管口通常有三种形式：即承插式、企口式、平口式。如图1-2所示，为混凝土和钢筋混凝土排水管的管口形式。

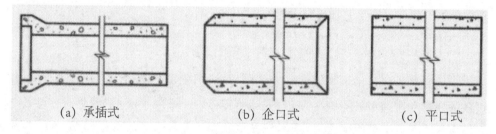

(a) 承插式　　　　　(b) 企口式　　　　　(c) 平口式

图1-2　混凝土和钢筋混凝土排水管的管口形式

制作混凝土的原料充足，可就地取材，制造价格较低，其设备、制造工艺简单，因此被广泛采用。其主要缺点是：抗腐蚀性能差，耐酸碱及抗渗性能差，同时抗震、抗沉降性能也差，管节短、接头多、自重大。

混凝土管一般在专门的工厂定制，但也可在现场浇制。

(2) 钢筋混凝土管。当排水管道的管径大于500mm时，为增强管道强度，通常是在建造混凝土管时加钢筋而制成钢筋混凝土管。当管径为700mm以上时，管道采用内、外两层钢筋，钢筋的混凝土保护层为25mm。钢筋混凝土管适用于排除雨水、污水。当管道埋深较大或敷设在土质条件不良的地段，以及穿越铁路、河流、谷地时都可以采用钢筋混凝土管，其管径从500mm至1800mm，最大管径可达2400mm，其管长为1~3m。若将钢筋加以预应力处理，便制成预应力钢筋混凝土管，但这种管材使用不多，只有在承受内压较高或对管材抗弯、抗渗要求较高的特殊工程中采用。

钢筋混凝土排水管的管口有三种形式：承插式、企口式和平口式 (如图1-2所示)，为便于施工，在顶管法施工中常用平口管。

钢筋混凝土管按照荷载要求，分为轻型钢筋混凝土管和重型钢筋混凝土管。

（3）陶土管。陶土管又称缸瓦管，是用塑性耐火黏土制坯，经高温焙烧制成的。为防止在焙烧过程中产生裂缝应加入耐火黏土（或掺入若干矿砂），经过研细、调和、制坯、烘干等过程制成。在焙烧过程中向窑中撒食盐，其目的在于由食盐和黏土的化学作用使管子的内外表面形成一种酸性的釉，使管子光滑、耐磨、耐腐蚀、不透水，能满足污水管道在技术方面的要求。特别适用于排除酸性、碱性废水，在世界各国被广泛采用。

陶土管因质脆易碎、强度低而不能承受内压，不宜敷在松土中或埋深较大的地方；管节短，接口多，施工不便。管径一般不超过600mm，因为管径太大在烧制时易产生变形，难以接合，废品率较高。管长为0.8~1.0m。为保证接头填料和管壁牢固接合，在平口端的齿纹和钟口端的齿纹部分都不上釉。接口有承插式和平口式。图1-3为陶土管外形示意图。

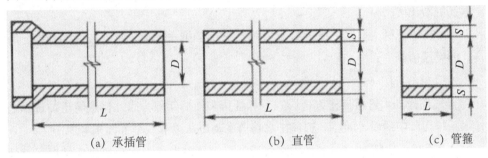

|（a）承插管|（b）直管|（c）管箍|

图1-3 陶土管外形示意图

（4）塑料排水管。由于塑料管具有表面光滑、耐磨蚀、重量轻、不易结垢、水力性能好、水力损失小、加工接口搬运方便、漏水率低及价格低等优点，因此，在排水管道工程中已得到应用和普及。其中聚乙烯（PE）管、高密度聚乙烯（HDPE）管和硬聚氯乙烯（UPVC）管的应用较广。

目前，在国内有许多企业通过引进国外技术，采用不同材料和创造工艺，生产出各种不同规格的塑料排水管道，其管径为15~400mm。

（5）石棉水泥管。石棉水泥管由石棉纤维和水泥制成，具有强度大、表面光滑、抗渗性好、长度大、重量轻、接头少等优点。但石棉水泥管质脆、耐磨性差。管径多为500~600mm，长为2.5~4.0m。我国产量不大，在排水工程中还未广泛应用。

（6）金属管。金属管质地坚固、强度高、抗渗性能好、管壁光滑、水流阻力小、管节长、接口少，且运输和养护方便。但价格较贵，抗腐蚀性能较差，大量使用会增加工程投资，因此，在排水管道工程中一般采用较少，只有在外荷载很大或对渗漏要求特别高的场合下才采用金属管，如一般排水管穿过铁路、高速公路、泵站的进出水管以及邻近给水管道或房屋基础时，一般都用金属管。常用的金属管有排水铸铁管、钢管等。连接方式有承插式和法兰式两种。

1）排水铸铁管。经久耐用，有较强的耐腐蚀性，缺点是质地较脆，不耐振动和弯折，重量较大。连接方式有承插式和法兰式两种。

2）钢管。可以用无缝钢管，也可以用焊接钢管。钢管的特点是耐高压、耐振动、重量较轻、单管的长度大、接口方便，但耐腐蚀性差，采用钢管时必须涂刷耐腐蚀的涂料并注意绝缘，以防锈蚀。钢管连接采用焊接式或法兰式连接。

此外，在压力管线（如倒虹管和水泵出水管）或存在严重流砂、地下水位较高以及地震地区应采用金属管材。因金属管材抗腐蚀性差，在用于排水管道工程时，应注意采取适当的防腐措施。

（7）大型排水沟渠。一般大型排水沟渠断面多采用矩形、拱形、马蹄形等，其形式有单孔、双孔、多孔。建造大型排水沟渠常用的材料有砖、石、混凝土块和现浇钢筋混凝土等。

（8）其他管材。玻璃纤维混凝土管等已被用于排水管道，具有较好的性能，有良好的发展前景。

2. 管材的选用

合理选择排水管道，将直接影响工程造价和使用年限，因此排水管道的选择是排水系统设计中的重要问题。选择排水管道主要可从以下三个方面来考虑：

（1）市场供应情况。在选择排水管道时，应尽量考虑当地市场供应情况，就地取材，采用易于制造、供应充足的材料。

（2）从经济上考虑。在考虑造价时，不但要考虑管道本身的价格，而且要考虑施工费用和使用年限。例如，在施工条件较差（地下水位高、严重流砂）的地段，可采用较长的管道减少管道接头，降低施工费用；如在地基承载力较差的地段，可采用强度较高的长管，对基础要求低，可以减少敷设费用。

（3）满足技术方面的要求。有时管道在选择时也受到技术上的限制。例如，在有内压力的管段上，必须采用金属管或钢筋混凝土管；当输送侵蚀性的污水或管外有侵蚀性地下水时，则最好采用陶土管。

（二）排水泵站

将各种污水由低处提升到高处所用的抽水机械称为排水泵。由安置排水泵及有关附属设备的建筑物或构筑物（如水泵间、集水池、格栅、辅助间及变电室）组成排水泵站。排水泵站按排水的性质可分为污水泵站、雨水泵站、合流泵站和污泥泵站等。按在排水系统中所处的位置，又分为中途泵站、局部泵站和终点泵站，如图1-4所示。

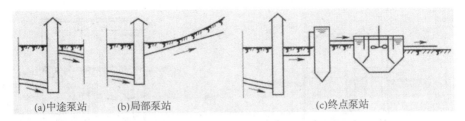

(a)中途泵站　　(b)局部泵站　　(c)终点泵站

图1-4　污水泵站按设置地点的分类

（1）中途泵站。由于排水管道中的水流基本上是重力流，管道需沿水流方向按一定的坡度倾斜敷设。在地势平坦地区，管道埋深增大，使施工难度加大，费用升高，将设置泵站，把离地面较深的污水提升到离地面较浅的位置上，这种设在管道中途的泵站称为中途泵站。

（2）局部泵站。在污水处理厂中，处理和输送污泥过程中，都需敷设污泥泵站。在某些地形复杂的城市，需把低洼地区的污水用水泵送至高位地区的干管中；另外，一些低于街道管道的高楼的地下室、地下铁道和其他地下建筑物的污水也需用泵提升送入街道管道中，这种泵站称为局部泵站。

（3）终点泵站。当污水和雨水需直接排入水体时，若管道中水位低于河流中的水位，就得设终点泵站；有时，出水管渠口即使高出常水位，但低于潮水位，在出口处也需建造终点泵站；当设有污水处理厂时，为了使污水能自流流过地面上的各处理构筑物，也需设终点泵站。

泵站在排水系统总平面图上的位置安排，应考虑当地的地质条件、电力供应、卫生要求、施工条件及设置应急出口管渠的可能，需要进行技术与经济分析比较后，进行决定。

排水泵站的型式有干式、湿式，有圆形、矩形，有半地下式、全地下式，有分建式、合建式等，主要根据进水管渠的埋深、进水流量、地质条件等，如图1-5至图1-8所示。

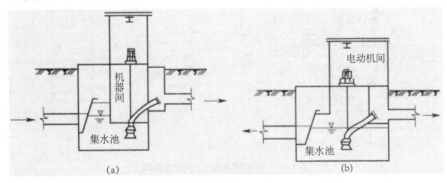

图1-5　干式和湿式泵房

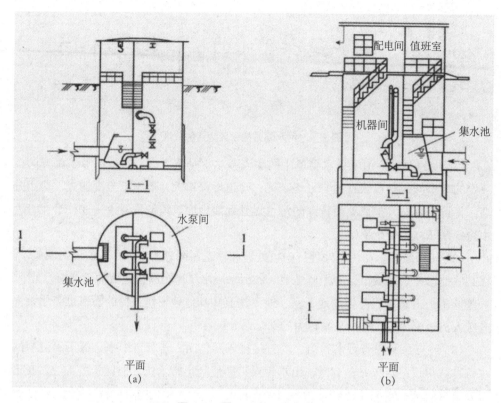

图 1-6 圆形泵房和矩形泵房

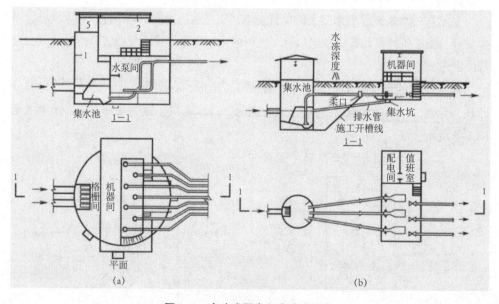

图 1-7 合建式泵房和分建式泵房

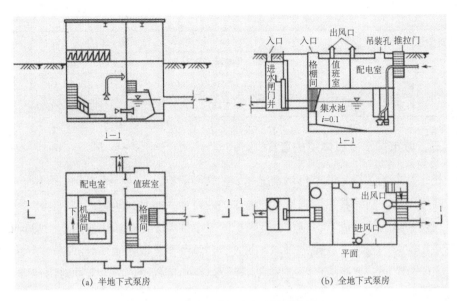

图 1-8 半地下式泵房和全地下式泵房

排水泵站宜单独设置，与居住房屋、公共建筑保持适当距离，以防止泵站臭味和机器噪声对居住环境造成影响。泵站周围应尽可能设置宽度不小于 10m 的绿化隔离带。

排水泵站的占地随流量、性质等不同而各异，见表 1-1。

表 1-1　各种泵站不同流量占地面积

设计流量 /(m³/s)	泵站性质	占地面积 /m³	
		城区、近郊区	远郊区
<1	雨水	400 ~ 600	500 ~ 700
	污水	900 ~ 1200	1000 ~ 1500
	合流	700 ~ 1000	800 ~ 1200
	立交	500 ~ 700	600 ~ 800
	中途加压	300 ~ 500	400 ~ 600
1 ~ 3	雨水	600 ~ 1000	700 ~ 1200
	污水	1200 ~ 1800	1500 ~ 2000
	合流	1000 ~ 1300	1200 ~ 1500
	中途加压	500 ~ 700	600 ~ 800
3 ~ 5	雨水	1000 ~ 1500	1200 ~ 1800
	污水	1800 ~ 2500	2000 ~ 2700
	合流	1300 ~ 2000	1500 ~ 2200

续　表

设计流量 /(m³/s)	泵站性质	占地面积 /m³	
		城区、近郊区	远郊区
5～30	雨水	1500～8000	1800～10000
	合流	2000～8000	2200～10000

三、城市排水系统体制的选择

排水体制的选择是城市排水系统规划的核心问题，它不仅关系到整个城市排水系统的可用性，制约着能否满足水环境保护的目标，而且也影响到城市排水系统的投资规模和运营管理成本，以及运行维护的复杂性。无论在城市排水系统的研究领域还是在实际的排水工程规划领域，目前"合流制"常指截流式合流制，"分流制"常指完全分流制。下面从水环境保护、建设运行和工程投资三个方面对两种排水体制进行比较。

（一）从水环境保护的角度

在旱季，合流制排水系统将全部城市污水输送到污水处理厂进行处理；在雨季，合流制排水系统对初期降雨径流截流，并与城市污水一同送到污水处理厂进行处理。从污染排放方面来看，虽然合流制排水系统可以处理部分降雨径流，通常可以减少入河污染负荷总量，但由于这一系统只能在截流允许范围内对降雨径流进行控制，一旦排水量超过系统的截流能力，大量的混合雨污水将发生溢流，直接排入并污染受纳水体。由于混合溢流中含有城市污水和管网中的沉积物，因此，溢流已经成为水体短期污染事故的重要原因之一。

分流制排水系统将雨污水分别收集排放，避免了合流制排水系统中的混合污水溢流现象。但是由于分流制排水系统在雨季将降雨径流直接排入受纳水体，当降雨径流中污染物浓度较高时，也会给受纳水体带来较强的瞬间负荷冲击，从而对水体的水质和生态系统产生严重影响。在分流制排水系统的实际建设和运行过程中，由于不可避免地会出现雨污管的错接现象，这将使部分城市污水不经任何处理直接从雨水管道排入受纳水体，从而给城市水环境质量的控制带来新的压力。

合流制和分流制排水系统对受纳水体影响的强与弱，与排水系统所在城市的自然地理条件、城市管理水平以及生活习惯等诸多因素密切相关。两种系统各有优势和不足，分流制排水系统排放的有机物和营养物负荷较低，而合流制排水系统排放的颗粒物和重金属负荷较低。如果同时考虑系统的建设投资成本，分流制排水系统并不能显示出绝对的优势。

为进一步改善水体质量，必须对分流制初期降雨径流和合流制溢流进行处理。合流制系统可以降低对受纳水体水力条件、累积性污染和富营养化程度的影响，但由于雨、污水混合溢流的问题，合流制排水系统对受纳水体急性毒性和溶解氧含量的影响较分流制排水系统严重。初期降雨径流中污染物浓度峰值非常高，分流制雨水与合流制溢流的污染物浓度水平基本相当。对于单次降雨与全年平均的污染负荷排放量，只有当初期降雨径流的污染物浓度远低于城市污水的污染物浓度时，分流制雨水的污染物排放量将小于合流制溢流的排放量，否则合流制溢流的污染排放量将较小。

(二) 从城市建设运行的角度

合流制排水系统只有一套管网，管线单一，在地下占据的空间较小，与其他地下管线的交叉也少，便于施工。如果用该系统对采用直排式合流制排水系统的老城区进行改造，无需大规模改造，只需选择适当的位置铺设截流管并沿途设置溢流井，工程量相对较小。

与合流制排水系统相比，分流制系统需要修建两套管网系统，占据的地下空间较大，管道平面敷设和竖向交叉的处理较为困难，特别是在街道狭窄的地区，施工的难度更大，甚至无法进行施工。另外，两套管网增大了系统的复杂性，难以避免发生管道错接现象，从而导致在实际的运行中，雨水管可能接纳城市污水，而污水管也可能接纳雨水。如果用分流制排水系统对采用直排式合流制排水系统的老城区进行改造，工程量通常会显著增大。

由于合流制排水系统中城市污水和降雨径流采用同一管网进行排除，所用管道管径一般较大。在旱季，管网只输送城市污水，流量小、流速低，在坡度小的管道内易产生有机固体的沉积，在降雨较少的地区，这种长期沉积会带来产生 H_2S 的风险；在雨季，由于管网中的水量和流速增大，管网中的沉积物会被冲刷和输送，这对管网将起到一定的维护作用，但管网输送到污水处理厂的水量和负荷也会明显增大，势必会对污水处理厂的运行带来显著的冲击。与合流制排水系统相比，分流制排水系统中污水管道的污水流量和强度变化较小，只要设计合理，管道内的流速超过不淤流速，管道一般不易出现淤积现象。

由于合流制排水系统中的水力条件和污染负荷在旱季和雨季的差异较大，使污水泵站和污水处理厂在雨季受到的冲击负荷较大，这无疑会给其带来运行的难度和管理的复杂性，对于抗冲击负荷能力差的污水处理厂还可能导致出水水质不达标。与合流制排水系统相比，分流制排水系统中的污水泵站和污水处理厂的规模较小，进水水量和水质较稳定，整个系统运行易于控制。对于降雨径流，分流制排水系统可以根据需要设置雨水泵站，并且仅在雨季需要时启用。

(三) 从工程投资的角度

由于合流制排水系统只需要一套管网系统,这大幅度减少了管网的总长度。一般合流制管网的长度比分流制管网的长度可减少30%~40%,而其断面尺寸和分流制雨水管网却基本相同,因此,合流制排水管网系统的造价比分流制低。虽然合流制泵站和污水处理厂的造价通常比分流制高,但由于管网造价在排水系统总造价中占70%~80%,所以分流制的总造价一般比合流制要高。从节省初期投资角度考虑,如果初期只建污水排除系统而缓建雨水排除系统,则不仅初期建设投资少,而且施工期短,发挥效益快;随着城市的发展,可再逐步建造雨水管网。分流制排水系统有利于进行分期建设。

总之,排水体制的选择应该根据城市的总体规划、环境保护要求、当地自然与水体条件、城市污水量与水质和城市原有排水设施等情况综合考虑,通过技术经济综合比较来决定。一般新建城市或地区的排水系统,较多采用分流制;旧城区排水系统改造采用截流式合流制较多。同一城市的不同地区,根据具体条件,可采用不同的排水体制。此外更需要重视排水管网建成后的运行管理和维护问题。如果不能对庞大复杂的地下排水管网进行科学有效的数字化管理,仅靠选择排水体制和建设大量排水管网来解决城市的排水问题是不经济、不现实的,仅靠传统的纸图分析、老工人记忆与经验以及简单的推理模式也不能科学有效地运营和维护错综复杂的排水管网,不能充分发挥排水管网的作用。只有在选择合理的排水体制同时对排水管网进行科学的运营管理,才能切实保障城市排水系统的安全高效运行。

第二节 城市排水系统的构成与布置

一、城市排水系统的构成

城市排水系统通常由排水管道 (管网)、污水处理系统 (污水处理厂) 和出水口组成。城市排水系统中的重要组成部分就是城市污水排水系统。城市污水包括城镇生活污水和工业废水,将工业废水排入城市生活污水排水系统,就组成城市污水排水系统。它由五个部分组成:①室内污水管道系统及设备;②室外污水管道系统;③污水泵站及压力管道;④污水处理厂;⑤出水口及事故排出口。

(1) 室内污水管道系统及设备。室内污水管道系统及设备的作用是收集生活污水,并将其送至室外直至居住小区的污水管道中。

在住宅及公共建筑内，各种卫生设备既是人们用水的容器，也是承受污水的容器，还是生活污水排水系统的开端设备。生活污水从这里经水封管、支管、竖管和出户管等室内管道系统流入室外街区或居住小区内的排水管道系统。

（2）室外污水管道系统。室外污水管道系统是分布在地面下，依靠重力流输送污水至泵站、污水厂或水体的管道系统。它又分为街区或居住小区管道系统及街道管道系统。

1）街区或居住小区污水管道系统。敷设在一个街区或居住小区内，并连接一群房屋出户管或整个小区内房屋出户管的管道系统称街区或居住小区管道系统。

2）街道污水管道系统。敷设在街道下，用以排除从居住小区管道流来的污水。在一个市区内它由支管、干管、主干管等组成。支管承受街区或居住小区流来的污水。在排水区界内，常按分水线划分成几个排水流域。在各排水流域内，干管是汇集输送由支管流来的污水，也常称为流域干管。主干管是汇集输送由两个或两个以上干管流来的污水，并把污水输送至总泵站、污水处理厂或出水口的管道，一般在污水管道系统设置区的范围之外。[①]

管道系统上的附属构筑物有检查井、跌水井、倒虹管等。

（3）污水泵站及压力管道。污水一般靠重力流排除，但往往由于受地形等条件的限制而难以排除，这时就需要设泵站。压送从泵站出来的污水至高地自流管道或至污水厂的承压管段，称为压力管道。

（4）污水处理厂。污水处理厂由处理和利用污水与污泥的一系列构筑物及附属设施组成。城市污水厂一般设置在城市河流的下游地段，并与居民点和公共建筑保持一定的卫生防护距离。

（5）出水口及事故排出口。污水排入水体的渠道和出口称为出水口，它是整个城市污水排水系统的终点设备。事故排出口是指在污水排水系统的中途，在某些易于发生故障的组成部分前面，例如在总泵站的前面所设置的辅助性出水渠，一旦发生故障，污水就通过事故排出口直接排入水体。

二、城市排水系统的布置

排水系统的布置形式应结合地形、竖向规划、污水厂的位置、土壤条件、河流位置以及污水的种类和污染程度而定。在实际情况下，很少会单独采用一种布置形式，通常是根据当地条件，因地制宜地采用综合布置形式。主要考虑地形因素的布置形式有以下四种：

---

① 任伯帜 . 城市给水排水规划 [M]. 北京：高等教育出版社，2011：171-186.

（1）正交式。在地势适当向水体倾斜的地区，各排水流域的干管以最短距离沿与水体垂直相交的方向布置，称为正交式布置，如图 1-9(a) 所示。正交式布置的干管长度短、管径小，因而较经济，污水排出也迅速。但是，由于污水未经处理就直接排放，会使水体遭受严重污染。故这种布置形式在现代城市中仅用于排除雨水。

（2）截流式。在正交式布置下，若沿河岸再敷设主干管，并将各干管的污水截流送至污水厂，这种布置形式称为截流式布置，如图 1-9(b) 所示。所以截流式是正交式发展的结果。

（3）平行式。在地势向河流方向有较大倾斜的地区，为避免因干管坡度及管内流速过大，使管道受到严重冲刷，可使干管与等高线及河道基本上平行、主干管与等高线及河道呈一定角度敷设，称为平行式布置，如图 1-9(c) 所示。

（4）分区式。在地势高差相差很大的地区，当污水不能靠重力流至污水厂时，可采用分区布置形式，如图 1-9(d) 所示。这时，可分别在高区和低区敷设独立的管道系统。高区的污水靠重力流直接流入污水厂，而低区的污水用水泵抽送至高区干管或污水厂。这种布置只能用于个别阶梯地形或起伏很大的地区，它的优点是充分利用地形排水，节省电力，如果将高区的污水排至低区，然后再用水泵一起抽送至污水厂是不经济的。

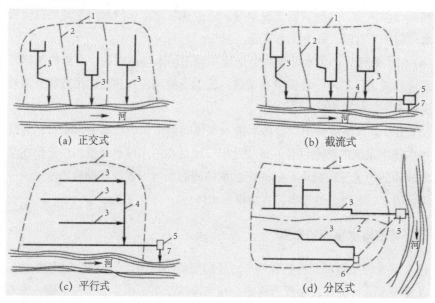

（a）正交式　　　　　　　　　　（b）截流式

（c）平行式　　　　　　　　　　（d）分区式

1—城市边界；2—排水流域分界线；3—干管；4—主干管；
5—污水处理厂；6—总泵房；7—出水口

图 1-9　排水系统的布置形式

第三节　城市排水管网系统的规划

一、城市污水管网系统的规划原则与计算

(一) 污水管网系统布置原则

进行城市污水管网系统的规划工作，首先需要在城市总平面图上进行管网系统的平面布置，也称污水管网系统的定线。在污水管网系统的布置中，应尽量规划最短的管线，在顺坡的情况下尽量减少埋深，在较大的服务区内把污水送往污水处理厂或排放到水体。污水管网系统的平面布置通常应遵循以下原则：

(1) 合理设置控制点的高程。一方面要保证现有各服务区内的污水能及时排出，并在管道的埋深选择上为未来管网系统的完善与发展留有一定的选择余地；另一方面又应避免因顾及个别控制点而增加全线管道的埋深。

(2) 优先布置主干管和干管。城市污水主干管和干管是污水管道系统的主体，它们布置的恰当与否将直接影响整个污水管网系统的布局合理性。

(3) 污水干管一般应沿城市道路布置。通常设置在污水量较大或地下管线较少一侧的人行道、绿化带或慢车道下，当道路宽度大于 40m 时，可以考虑在道路两侧各设一条污水干管，以减少过街管道的长度与数量，便于施工、检修和维护管理。[①]

(4) 污水管道应尽量敷设在水文地质条件好的路面下，尽量避免穿越不易通过的地带和构筑物，如高地、河道、铁路、地下建筑或其他障碍物，也要注意尽量避免与其他地下管线的交叉。

(5) 尽可能使污水管道的坡降与地面坡度一致，以减少管道的埋深。为降低工程造价及运行管理成本，应尽可能不设或少设中途泵站。

(6) 管线布置应简捷，要特别注意尽量减少大口径管道的使用。在小流量情况下，为保证自净流速，该段管道的坡度会较大，从而使管道埋深增加，因此，为了尽可能地降低工程造价，要避免在平坦的地区布置设计流量小而管线过长的大口径管道。

(二) 污水量计算

城市产生的污水量与城市的规划年限、产业结构、发展规模、技术水平、用水标准和用水习惯等密切相关，正确地计算城市污水量是进行污水管网系统规划的重

---

① 陈吉宁，赵冬泉．城市排水管网数字化管理理论与应用 [M]．北京：中国建筑工业出版社，2010：12-26.

要前提。不同规划阶段对城市污水量计算的精度要求不同，在总体规划阶段，要求估算出主干管和干管的污水量，从而确定管径、泵站和污水处理厂的大概规模；在详细规划阶段，要求较为精确的计算出污水流量（即污水管道及其附属构筑物能够保证通过的污水最大流量，在城市污水管网系统规划中通常指最大日最大时的流量），从而为选定管径、布置管道、确定泵站规模和位置并进行投资造价估算提供数据支持。总体规划阶段的污水量可以根据用水量预测结果进行估算。

城市污水量包括居住区生活污水量、工业企业生活污水及沐浴污水量和排入城市管网的工业废水量，在地下水位较高的地区，还应适当考虑地下水入渗量。不考虑地下水入渗时，在旱季，污水设计流量的计算公式可表示为：

$$Q_{dr} = Q_1 + Q_2 + Q_3 \qquad (1-1)$$

式中：Q_{dr} ——截流井以前的旱季污水设计流量，L/s;

Q_1 ——居住区生活污水的最大流量，L/s;

Q_2 ——工业企业生活污水及沐浴污水的最大流量，L/s;

Q_3 ——排入城市污水管道的工业企业废水的最大流量，L/s。

（1）居住区生活污水最大流量的计算。居住区生活污水的最大流量为：

$$Q_1 = \frac{q_0 N K_z}{24 \times 3600} \qquad (1-2)$$

式中：q_0 ——每人每日平均污水定额，L/（人·d）；

N ——人口数，人；

K_z ——综合生活污水量总变化系数。

其中，每人每日平均污水定额可参考居民生活用水定额或综合生活用水定额，结合当地的实际情况选用。对于给排水系统完善的地区，污水定额可按用水定额的90% 计算，一般地区可按80% 计算。

综合生活污水量总变化系数可表示为：

$$K_z = K_1 K_2 \qquad (1-3)$$

式中：K_1 ——日变化系数，即最大日污水量与平均日污水量的比值；

K_2 ——时变化系数，即最大日最大时污水量与最大日平均时污水量的比值。

K_1 和 K_2 数据一般需要通过统计分析当地实际污水量的流量监测资料获得。

（2）工业企业生活污水及沐浴污水最大流量的计算。工业企业生活污水及沐浴污水的最大流量为：

$$Q_2 = \frac{q_1 N_1 K_z + q_2 N_2 K_z}{3600 T_c} + \frac{q_3 N_3 + q_4 N_4}{3600} \tag{1-4}$$

式中：q_1——船车间每班每人污水量定额，L/（人·班）一般以 30 计；

q_2——热车间每班每人污水量定额，L/（人·班）一般以 50 计；

q_3——不太脏车间每班每人沐浴水量定额，L/（人·班）一般以 40 计；

q_4——较脏车间每班每人沐浴水量定额，L/（人·班）一般以 60 计；

N_1——一般车间最大班工人数，人；

N_2——热车间最大班工人数，人；

N_3——不太脏车间最大班工人数，人；

N_4——较脏车间最大班工人数，人；

T_c——每班工作小时数，h/班。

（3）工业企业废水最大流量的计算。工业企业废水最大流量通常按工厂或车间的日产量和单位产品的废水量计算，即：

$$Q_3 = \frac{q_m M_d K_g}{3600 T_d} \tag{1-5}$$

式中：q_m——生产过程中单位产品的废水量定额，L/个；

M_d——每日生产的产品数量，个；

K_g——工业企业废水量总变化系数；

T_d——工业企业每日工作小时数，h。

其中，单位产品的废水量定额和总变化系数的确定应根据工艺特点进行，并需与国家现行的工业用水量的有关规定相一致。

（三）污水管道的水力计算

在完成污水管网系统的平面布置并计算出城市污水量后，可进行污水管道的水力计算，以在规划方案中经济合理地选择管道的管径、坡度和埋深。污水在管道内的流动一般为重力流，虽然污水中含有一定数量的悬浮物，但由于其含固率通常小于 1%，可以认为城市污水在管道中的流动遵循一般水流规律，可采用水力学公式进行计算。在传统的规划方法中，计算污水在管道内的流动还有三点假设：①污水在管道内的流动按均匀流计算；②管道内的水流为非满管流动状态；③管道内的水流与污染物不产生淤积，也不冲坏管壁。

排水管渠设计流量的计算公式为：

$$Q = vA \qquad (1-6)$$

式中：Q——排水管渠的设计流量，m^3/s;

v——水流断面的平均流速，m/s;

A——水流有效断面面积，m^2。

其中，流速 v 可表示为：

$$v = \frac{1}{n} R^{\frac{2}{3}} I^{\frac{1}{2}} \qquad (1-7)$$

式中：I——水力坡降，重力流管按管渠底坡降计算；

R——水力半径，m;

n——粗糙系数。

计算排水管渠的设计流量和流速时，过流断面上的各要素（水流有效断面面积 A、湿周 Q 及水力半径 R）需要根据管渠断面形式计算确定。常用的管渠断面形式有圆形、矩形、马蹄形、半椭圆形、梯形及蛋形。在城市排水管网系统规划中，确定管渠断面形式的一般原则是水力条件好、受力合理、省料、运输及施工方便并便于维护等。在众多的管渠断面形式中，圆形管道具有较大的输水能力，由于底部呈弧形，水流较好，也比较适应流量变化，不易产生沉积；此外，圆形管道还具有受力条件好、省料，便于定制和运输等优点。因此，圆形管道在城市排水工程中的应用十分广泛。

二、城市雨水管网系统的规划原则与计算

(一) 雨水管网系统的布置原则

传统上，雨水管网布置的主要目的是将降雨径流尽快地从城市地表排走，避免城市内涝，在不影响居民生产和生活的同时，达到经济合理的要求。雨水管网的布置通常需要考虑以下原则：

（1）充分利用地形，就近排入水体。规划雨水管线时，首先应按地形划分排水区域，再进行管线布置。根据分散和节约的原则，雨水管渠的布置一般采用正交式

布置，以保证雨水管渠以最短的路线，较小的管径把雨水就近排入水体。

（2）尽量避免设置雨水泵站。由于雨水泵站的投资大，能耗高，在一年中的运转时间较短，利用率较低，因此在规划雨水管线时，应尽可能利用地形，使降雨径流不依赖泵站而是以重力流排入水体。在某些地势低洼或受潮汐影响的城市，在不得不设置雨水泵站的情况下，也要把经过泵站排泄的降雨径流量减少到最低限度。

（3）结合街区及道路规划布置雨水管渠。街区内部的地形、道路和建筑物的布置是确定街区内部地表径流分配的主要因素。街区内的地表径流可沿街、巷两侧的边沟排除。道路通常是街区内地表径流的集中地，所以道路边沟最好低于相邻街区地面标高。应尽量利用道路两侧边沟排除地表径流。

雨水管渠通常沿街道铺设，但是干管（渠）不宜铺设在交通量大的干道下，以免积水时影响交通。雨水干管（渠）应设在排水区的低处道路下。干管（渠）在道路横断面的位置最好位于人行道下或慢车道下，以便检修。

（4）结合城市竖向规划。城市用地竖向规划的主要任务之一就是研究在规划城市各部分高度时，如何合理地利用地形，使整个流域内的地表径流能在最短的时间内，沿最短的距离流到街道，并沿街道边沟流入最近的雨水管渠或受纳水体。

（5）合理利用水体。在布置雨水排除管网时，应充分利用城市下垫面的洼地和池塘，或有计划地开挖一些池塘，通过降低地表的汇流面积和径流系数，从而在大暴雨时储存雨水管渠短时间内无法排除的径流量，利用这种方式既可以避免地面积水，还可以减少管渠铺设长度或断面尺寸，从而节约投资。

城市化的发展使城区不透水表面的比例逐渐增大，城市降雨径流量也随之增加，降雨过程的冲刷能力增强，降雨径流污染日益严重。随着环境污染防治工作与研究的深入，城市点源污染得到有效的控制，但城市径流污染对城市水环境的影响更为突出。因此，传统的将降雨径流尽快排入受纳水体的设计原则受到了质疑和挑战，特别是含有高浓度污染物的初期降雨径流会对受纳水体的水质产生短时的冲击，如何合理有效地布置和规划雨水管网系统，已成为城市规划者和环境保护人员不得不面临的一个难题。

（二）雨水管渠水力计算的控制数据

雨水管道一般采用圆形断面，但当直径大于2m时，也可采用矩形、半椭圆形或者马蹄形，明渠一般采用矩形或梯形。通常，雨水管渠的设计充满度、设计流速、坡度和管径等需要满足一定的要求，现分述如下：

（1）设计充满度。与污水管网不同，雨水管渠是按满流进行计算的，即设计充满度为1；但对于明渠，其超高也是限制在不得小于0.2m。

（2）设计流速。由于雨水管渠内的沉淀物一般是泥沙等较大的地表颗粒物。为了防止沉淀和淤积，需要选取较高的流速。雨水管渠（满流时）的最小设计流速为0.75m/s。由于明渠内发生沉淀后较易清除，可采用较小的设计流速，通常为0.4m/s。为了防止管壁和渠壁的冲刷损坏，雨水管渠内的流速也不应过高，其最大设计流速的选择同污水管道相同。

（3）最小坡度和最小管径。为了保证管渠内不发生淤积，雨水管渠的最小坡度应按最小流速计算确定。为了保证管道养护上的便利，防止管道发生阻塞，雨水管道的管径也应满足一定要求。

三、合流制排水管网系统的规划原则与计算

传统的城市排水管网系统大多是直排式合流制，污水就近排入水体，给城市卫生和人民生活带来了严重的危害。但是将原有管网系统改为分流制，也要受城区改造条件和投资规模等限制，因此，在实际工作中，通常是沿河设置截流干管，采用截流式合流制系统。

（一）截流式合流制排水管网系统的布置原则

截流式合流制排水系统除应满足对管渠、泵站、污水处理厂、出水口等布置的一般要求外，根据其特点，还需考虑下列因素：

（1）合流制管渠的布置应使其服务区域内的生活污水、工业废水和雨水都能合理地排入管渠，并尽可能以最短距离流向截流干管。

（2）暴雨时，超过一定数量的混合污水能顺利地通过溢流井并泄入附近水体，以尽量减少截流干管的断面尺寸，缩短排放渠道的长度。

（3）溢流井的数目不宜过多，位置应选择恰当，以免增加溢流井和排放渠道的造价，同时减少对水体的污染。

（二）截流式合流制排水管渠的计算

在截流式合流制排水管渠中，第一个溢流井上游合流管段的设计流量可计算为：

$$Q = (Q_s + Q_g) + Q_y = Q_h + Q_y \tag{1-8}$$

式中：Q——第一个溢流井上游合流管段的设计流量，L/s；

Q_s——设计综合生活污水流量，L/s；

Q_g——设计工业废水流量，L/s；

Q_y ——设计雨水流量，L/s；

Q_h ——溢流井以上的旱季污水量，L/s，即生活污水量和工业废水量之和。

生活污水量的总变化系数可采用1，工业废水量宜采用最大生产班内的平均流量，这两部分流量均可根据城市和工厂的实际情况统计得到，短时间内工厂区淋浴水的高峰流量达不到设计流量的30%时，可忽略。需要指出的是，由于合流制管道中混合雨污水的水质较差，从检查井溢出街道时所造成的危害和损失将显著增大，对城市环境卫生的影响也更为严重。因此，为防止和减少溢流的负面影响，应从严控制合流管渠的设计重现期和允许的积水程度。合流制管渠的雨水设计重现期一般应比同一情况下雨水管渠的设计重现期适当提高。

截流式合流制排水系统在截流干管上设置溢流井后，溢流井以下管渠的设计流量可计算为：

$$Q^{'} = (n_0 + 1)Q_h + Q_y^{'} + Q_h^{'} \qquad (1-9)$$

式中：$Q^{'}$ ——溢流井以下管渠的设计流量，L/s；

n_0 ——截流倍数，即溢流时所截留的雨水量与旱季污水量之比，当上游来的混合雨污水量超过 $(n_0 + 1)Q_h$ 时，超过部分将从溢流井排入水体；

$Q_y^{'}$ ——截流井以下汇水面积内的设计雨水流量，L/s；

$Q_h^{'}$ ——截流井以下的旱季污水流量，L/s。

截流倍数的确定将直接影响排水工程的规模和环境效益。若截流倍数偏小，混合初期降雨径流的污水将直接排入水体而造成污染；若截流倍数过大，则截流干管和污水处理厂的规模就要加大，基建投资和运行成本也会相应增加，同时，较大的截流倍数也会造成雨季污水处理厂的进水负荷变化较大，从而增大污水处理厂的运行难度。因此，截流倍数 n_0 应根据旱季污水的水质、水量情况、水体条件、卫生方面的要求以及降雨情况等综合考虑确定。我国一般采用的截流倍数 n_0 为 1～5。

当管段的设计流量确定之后，即可进行水力计算。溢流井上游合流管渠的计算与雨水管渠的计算方法基本相同，但它的设计流量包括了雨水、生活污水和工业废水量。在截流干管和溢流井的计算中，首先需要决定所采用的截流倍数 n_0，根据 n_0 值按式（如1-9）算出截流干管的设计流量和通过溢流井泄入水体的流量，可作为截流干管与溢流井计算的依据。截流干管的水力计算方法同雨水管渠。

旱季时，合流管渠中的流速应能满足管渠最小流速的要求。对于合流管渠，一般不应小于 0.2 ~ 0.5m/s；雨季时，合流管道在满流时为 0.75m/s。合流制管渠最小设计管径为 300mm，塑料管的最小坡度为 0.002，其他管的最小坡度为 0.003。

第二章　城市道路排水施工技术与应用

随着经济的发展和城市化建设进程的不断推进，城市道路排水管道作为其中的重要组成部分，在协助城市水循环和保证排水系统正常运转等方面发挥着巨大的作用。本章对城市道路排水管道施工技术的要点内容进行了详细分析和论述，探讨了海绵城市理念在城市道路排水施工中的应用。

第一节　城市道路排水管道施工技术

（1）城市道路排水管道施工准备工作要点。在城市道路排水管道施工的前期准备工作中，施工人员要准确地掌握施工设计图纸的各项重点内容，了解其中的关键信息，并与施工现场实际情况进行反复的对比和验证，避免在后续施工中因未能及时发现错误而导致工期延长，增加施工成本。如果在审核设计图纸的时候发现存在明显问题或不合理的地方，需要及时的联系设计人员进行调整和修改，确保排水管道施工作业的顺利性。与此同时，施工人员还要参照施工现场对设计图纸中规定的管道长度、检查井数量、管道空间布局等内容进行统一检验，在必要的地方进行详细标注和注释，为后期施工提供便利。[①]

（2）沟槽开挖与测量放线要点。在城市道路排水管道施工中还涉及土方建设方面的内容，并占据着很大一部分比例。沟槽开挖就是其中的重要组成部分。施工人员在开挖沟槽之前应对施工区域地下电气管道和电缆光纤等设施的分布情况进行调查了解，结合具体位置确定沟槽的走向，提前与相关部门进行沟通和报备，确保各项基础设施的安全使用和运行。

树立安全施工意识，避免出现不必要的问题和麻烦。在多雨季节或者降水量比较充沛的地区进行城市道路排水管道施工的条件下，施工人员应时刻监控地下水位的变化情况，避免沟槽积水而出现浮管现象。在实际的测量放线操作中，施工人员

---

① 刘海英. 市政工程道路排水管道施工技术要点 [J]. 绿色环保建材，2021(07)：117-118.

要始终保持严谨的工作态度，并且为了确保测量数据的准确性，需要进行反复多次的测量，将放线工作落实到位，保证排水管道的各项参数符合设计规定和要求。同时也帮助测量放线人员积累更多的工作经验，增强自身的业务能力。

（3）地基处理。在完成沟槽开挖工作之后，施工人员需要在工程设计标准的指导下对基底展开整平处理，同时清理沟底里影响管道施工的杂物。在检查承载力和设计要求存在不一致情况的时候应与管理部门进行沟通和协调，及时采取合理的解决方案，比如适当的降到低水位，利用重型设备展开夯实，或者向其中添加碎石。在通过检查并确保其符合设计要求的情况下，对基坑实施封闭处理。

（4）排水管道铺设阶段。在排水管道的铺设工作中，施工人员需要确保各项准备工作做到位，在掌握科学测量数据的基础上，加强对施工材料和机械设备的管理和控制，保证材料质量合格与设备工作状态的正常稳定，技术人员在现场进行指导和调度工作。在材料和设备进场的过程中，需要安排专业人员对其规格、质量和性能等数据展开统一检测，查看其是否具有正规证明。管道的外观、接口及管身平整度也是检查的重点内容。在铺设过程中需要控制好管道的吊装和转移工作，避免对其外观和结构产生损伤，影响排水管道的使用性能。

在完成施工作业后应结合设计要求对标注的位置和高度展开固定处理。检查管道口周围是否保持较高的洁净度，利用高质量的材料对缝隙实施填充和涂抹，确保其具有良好的密封性。封口操作需要借助橡胶圈来发挥作用。在完成填抹操作后，还要使用湿麻袋展开进一步的处理，以此来保持管道的湿度水平符合施工设计要求。在排水管道铺设阶段实施质量控制措施可以有效地保护管道不受损害，确保管道能够发挥出正常的排水性能。在完成铺设工作后需要对沟槽中的技术进行合理处理，避免地基和管道出现下沉现象。

（5）沟槽回填技术要点。在排水管道沟槽的回填过程中，施工人员应做好以下三点内容的质量控制工作：

首先，处在管道两侧位置的材料需要进行夯实处理。重要的是控制夯实的速度要缓慢，避免造成管道位置的偏移及接口的错位。施工企业应安排专业人员在现场进行监督和质量控制，按照管线走向均匀的展开填筑施工作业，同时确保密实度符合规定标准。

其次，在回填之前必须要对地基里面的淤泥、残留边角料等展开集中清理。

最后，检测填土的含水量。了解其含水量和密实度是否符合相关标准和要求，使用石屑当作回填材料的时候应尽量避免在管顶区域出现体积较大的石块和冻土物质，只有这样才能确保管道接口不受到破坏。并且回填的石屑应比原地面高出一段距离。当管顶数据小于 0.7m 的水平的时候，应借助人工方式展开回填和夯实作业，大于这个标准则需要借助滚压设备对其两侧位置展开回填和夯实处理。

（6）闭水试验。在完成城市道路排水管道施工的后期阶段，要针对管道的密封性能展开闭水试验，查看管道上有无沙眼和裂缝，如果发现问题可用细砂浆材料进行修补处理，渗水位置用水泥砂浆进行填查，井内部支管管口和试验管两端管口采取封堵处理。与此同时，管道接口不能出现渗漏现象。在对闭水管道进行回填的时候要控制好时间，在完成试验并确保其符合各项要求之后对混凝土做回填处理。对于没有通过闭水试验的管道需要及时进行修理和调整。

第二节　城市道路降噪排水路面设计与施工

一、降噪排水路面设计

（1）路面结构设计。降噪排水路面表层由多孔隙沥青混凝土组成，通常称之为OGFC。该沥青混凝土面层材料孔隙率常在20%左右，2.36～475mm的细集料含量很少，模量要远低于普通沥青混凝土。其20℃抗压回弹模量在350～400MPa之间，15℃劈裂强度为0.8～1.2MPa；中面层使用SBS改性沥青AC—20，厚度为6cm；下面层由AC—25组成，厚度为8cm，在下面层层底与表面均铺设了玻纤格栅；基层为40cm厚水泥稳定石屑。路面结构如图2-1所示[1]。

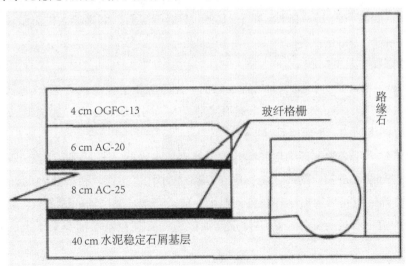

图2-1　排水路面结构示意

---

① 张忠岐.城市道路降噪排水路面设计与施工 [J]. 公路，2009（08）：11-15.

（2）路面排水设计。进入排水路面的雨水须尽快排出路面，以减少行车动水压力对路面的影响。来自面层的雨水沿中面层顶面汇集于排水平石后排出。排水平石中间为 ϕ 10cm，侧面为 ϕ 8cm 的三通 PVC 管，埋设于 40cm×14cm 水泥混凝土中。排水平石与中、下面层之间预留 10cm 宽透水通道，每隔 25m 设一集水井，集水井与城市地下排水管道连接。为利于路面排水，中面层横坡调整为 25%，纵坡依据交叉路口、集水井位置确定。

二、降噪排水路面施工

（1）排水平石施工。排水平石采用 C30 混凝土，埋设三通 PVC 管后，现场浇筑，用小型手持式振捣棒振实混凝土。在三通管侧面加封金属网格或塑料薄膜，以防止在中、下面层施工时，沥青混合料或尘砂进入三通管。养护 28d 后即可开始中、下面层施工。

（2）中、下面层施工。对基层进行验收达标后，方可开始中、下面层施工。在基层上先铺设玻纤格栅，后洒布 SBS 改性乳化沥青，考虑到此黏层兼有封层作用，其用量为 1.0L/m^2。中面层施工同样如此，只是乳化沥青用量降至 0.8L/m^2。在中、下面层施工时，要在排水平石与中、下面层之间的透水通道中塞入方木，确保中、下面层边缘压实，防止沥青混合料滚入堵塞排水管。终压完成后，取出方木。

（3）降噪排水面层沥青混合料配合比。降噪排水面层沥青混合料设计类型为 OGFC—13，沥青结合料由埃索—70 号沥青与 TPS 高黏度沥青改性剂组成（比例为 88：12）。粗集料为 10～15mm 和 5～10mm 辉绿岩碎石，细集料为机制砂，采用石灰岩矿粉。

（4）降噪排水面层施工。

1）施工前准备。在排水面层施工之前，先清洗排水平石及 PVC 三通管侧面金属网格。在中、下面层侧面及透水通道底部，人工刷涂乳化沥青黏层油 1～2 遍，以防止水分回渗到中、下面层及基层。

排水性面层必须保证面层底部孔隙通畅，防止碎石、尘土堵塞孔隙，需对中面层顶面进行彻底清扫。同时，全幅洒布 SBS 改性乳化沥青，洒布量为 0.8L/m^2，靠近中央分隔带或路肩边沿的表面较为粗糙，应适当增加黏层油的洒布量。黏层油应在施工的前一日进行喷洒，降噪排水路面的施工必须在黏层油完全干燥的情况下进行。

根据拌和楼的生产情况，对 TPS 改性剂进行分装和计量，确保生产连续顺利进行。本次拌和楼生产量为 24t/ 锅，TPS 为 129kg/ 包。

2）沥青混合料的生产。采用 PARKER—3000 型间歇式拌和楼进行生产，热料仓二次筛分的振动筛网配置 6mm 筛和 3mm 筛，从而更好地控制级配。拌和前，对拌和机具各个冷料仓、热料仓的计量系统、沥青泵进行标定，确保设备达到生产混合料的要求。

拌和锅热料进料旁设 TPS 投料口，在干拌开始时，人工将 TPS 投入拌和锅。投放信号由拌和楼控制室通过彩色信号灯提示，并派专人监管，确保 TPS 准时按量投放。沥青混合料的拌和温度和拌和时间是影响混合料生产质量的两个重要因素。为确保改性剂 TPS 与沥青很好地混溶，矿料加热温度为 (195±5)℃，沥青加热温度为 (160±5)℃，拌和温度为 (180±5)℃，出料温度为 (180±5)℃。经试拌确定干拌时间为 10s，湿拌时间为 45s。出料时实测混合料温度，低于下限值 (170℃) 或超过上限值 (195℃) 的混合料不得使用，并根据实测出料温度及时调整矿料和沥青加热温度。

3) 沥青混合料的运输和摊铺。混合料拌好后，进入贮料仓保温贮存。运料车要清洗干净，为防止沥青与车厢板黏结，在车厢板内侧面和底板刷涂一层植物油，但不得有余液聚集在车厢板底部。贮料仓卸料口离车厢侧板最高点距离不宜超过 0.5m，且越低越好；并且运料车应在不同位置受料，正确的装料方法是分三次装料，先装车厢前部，车厢后部次之，最后装中间。

为防止沥青混合料温度降低，卡车在运输途中，应使用双层保温篷布覆盖，运料车到达现场后等本车混合料摊铺完后才可揭开保温篷布。运输过程中应避免急转急停急开，中速平稳行驶。

开始摊铺时，排在施工现场等候卸料的运料车应不少于 3 辆。在摊铺过程中，等候卸料的运料车一般为 3 辆。采用 2 台摊铺机呈梯队方式同步摊铺，2 台摊铺机前后错开 3~5m，适时调整摊铺宽度，避免两摊铺机纵向接缝在轮迹带上。摊铺速度由拌和楼生产能力和运距决定，根据实际情况适时调整。本次确定摊铺速度为 2~3m/min，松铺系数为 1.15~1.2，摊铺机振捣等级为 4 级。摊铺后混合料温度宜控制为 (170±5)℃，摊铺过程中摊铺机可不必收料斗，留少部分混合料在受料斗内，保持摊铺的连续性和避免每次收料斗造成混合料的不均匀性。

4) 沥青混合料的压实。压实是降噪排水路面施工的关键环节，碾压机具的合理组合、碾压温度控制及遍数决定了混合料的压实效果。初压与复压采用 2 台 DD—110 钢轮压路机，每台摊铺机后紧跟 1 台 DD—110，共静压 5~6 遍，速度为 2~5km/h，与另 1 台交错使用；初压温度控制在 (160±5)℃，在路旁设置标识牌严格控制压实遍数，避免少压与过压；终压宜在路表温度 60℃ 以下进行，采用胶轮压路机压实 1 遍即可。

5) 接缝处理及其他。在降噪排水性路面施工开始的地方，应设置横向垂直的平接缝，特别是与非排水性路面交接处，涂刷黏层油后方可进行施工。铺筑新混合料接头应使接茬软化，压路机先进行横向碾压，再纵向碾压成为一体充分压实，连接平顺。

铺筑好的排水路面应严格控制交通，并竖标识牌提醒绿化等后续工程施工人员及市民，保持整洁，不得造成污染，严禁在排水面层上堆放施工产生的土、杂物及制作水泥砂浆。

第三节　海绵城市理念在城市道路排水施工中的应用

（1）路面及结构内部排水设计。对于城市排水系统的规划设计，应统筹全局考虑路面结构与配套排水设施的匹配合理，路面宽度坡度与雨水汇集口的相关设计应具科学合理，确保雨水季节路面积水的有效排放。

当路面宽度较小，不利于排水时，可以设计单侧坡度实现雨水排放。同时，可以控制和预防路面裂缝现象。在对路面结构进行优化时，需要考虑路面的实际坡度，以免影响道路的内部结构。此外，在道路中央隔离带渗水位置处设计纵向盲沟，还需要设计排水管和集水井，利用盲沟收集雨水，并通过集水井和排水管进行排放，增强对雨水的收集、排放效果。

（2）建设多功能蓄水池。城市设施工程巨大，尤其是城市排水工程需要大量投资，因此，在进行海绵城市设计时，要保障顶层设计的合理性。在排水系统中，多功能蓄水池作用显著，蓄水池可以合理调配雨水资源，同时对城市微生态也有积极效果。因此，应该充分考虑城市的地理环境等因素，合理设计蓄水池，使雨水经过地下排水管网汇集至蓄水池，经过蓄水池的净化处理后成为城市用水，循环利用。①

（3）附属设施的设计。排水附属设施对排水工程也是不可或缺的，应根据城市地理环境等特点进行综合设计。在排水工程中附属设施有路缘石和路肩边沟。路缘石分为平缘石和立缘石，平缘石高度与周围地面等高，这样可以避免路面积水，确保雨水顺利流入绿化带、雨井口；而立缘石一般比周围地表要高，积水高度达到一定程度，再流入雨井口。关于路肩边沟，传统的路肩边沟使用材料为混凝土，不仅美观性不足，而且起不到雨水净化作用，反而经常会发生堵塞，应用海绵城市设计理念，采用植草沟代替路肩边沟。

---

① 秦成龙，虞潮洋. 海绵城市理念在市政道路排水施工中的应用分析 [J]. 智能建筑与智慧城市，2021(09)：166-167.

（4）车行道中渗透海绵城市理念的设计。结合海绵城市理念，马路铺设采用透水性较好的混凝土材料，确保能够及时吸收雨水，避免路面积水，保障地下水系统的正常补给，然后在路面铺设一层沥青，确保大多数雨水直接流入道路两侧的盲沟中，同时防止雨量过多，影响材料的吸水性能。

（5）人行道中包含海绵城市理念的设计。基于海绵城市设计理念，人行道建设采用透水性较强的混凝土材料，提高路面雨水吸收效率，在补充地下水资源的同时，可以调节路面的温度和湿度，改善局部气候条件。

第三章　城市排水设施及其数字化建设

随着现代城市的高速发展，城市排水设施与数字化的结合，能够更好地发挥排水设施的作用。本章从城市排水设施应急管理与优化出发，分析城市排水管网地理信息系统的设计，研究城市排水防汛信息化战略规划，通过对排水设施的优化，提高城市排水设施的功效。

第一节　城市排水设施应急管理与优化

一、加强风险识别，进行科学分级

（1）正视排水风险影响。排水设施应急管理作为城市公共管理中的重要一环，体现了地方政府在保障民生安全和经济秩序中的执政能力。应进一步明确排水设施应急管理的主体地位，明确由应急管理委员会领导下，水务集团具体负责的责任制度，以其不同城市区域的排水突发事件归属地管理为主，根据事件的不同级别实行不同的响应方式，并在风险分级识别的基础上进行抢险救急或者紧急应对，各个排水区域部门负责人为第一责任人，在具体法规制度的规定下实现排水风险的应急处理。

为了实行全面有效的风险管控，应该实行预警防控为主，加强应急管理水平的机制。只有在全面加强城市排水设施建设和日常维护的基础上，才能从根本上降低排水风险发生的概率，并整体改善城市的排水应急状况。同时，在排水应急工作的日常管理中，通过应急演练、积极排查、物资储备检查的基础上做好应急管理的准备。并且应急办在日常工作中，要以应急事件模拟为形式，加强排水设施各个应急管理部门之间的沟通和协调，以促进信息传达的畅通，提升紧急状况下各部门的联动效率。

（2）科学管控实现风险分级。在正视排水风险的理念下，需要对排水风险产生的具体影响进行分析，以便根据各类影响情况制定针对性应对措施，才能够相应的在科学评估风险的基础上，调配资源，制定预案，根据国家规定的特别重大、重大突发公共事件分级标准，制定排水事件影响程度分级标准，并采取不同的应对措施。[①]

二、加强信息化预警体系建设，做好风险监控

（1）建立应急管理数据库。为了更为科学、全面的总结各类排水风险信息，需要将当前城市各类基础设施的分布及保养维修状况进行数据整合，通过信息数据库的建立来构建全面的风险识别机制，以采取合理有效的应对措施。在通过信息技术建立数据库的基础上，对城市排水设施的数据定期进行采集排查，并通过按照发生风险的种类、影响范围、危害形式和主要责任部门的信息构成来构建城市排水系统的风险管理信息机制。在数据库系统的支持下，在能够对风险进行较为精确的识别前提下提出有效对策，根据信息系统的辅助信息资料，做出相应的指挥调度安排。

（2）构建全面覆盖应急监控体系。城市需要建立全面覆盖的应急监控体系，通过突发排水事件的有效预警和监控来提前反馈，并根据风险预案做出布置，以加强排水风险管理的主动性。通过各个区域排水状况监控网的预警，在外部风险可预测的情况下调整风险监控等级，保持监控常态化，汛期监控密集化的防控力度，并根据精确化预警信息来进一步提升应急预案的准确性，从而调集资源及人员，在最短时间内进行风险处理。

（3）打造城市排水预警系统。城市排水预警系统对整个辖区内排水基础设施、关键节点以及管网等各类突发事件源的全面监控，要保证该预警系统的全面覆盖以及敏感性，能够在确定排水事件风险等级，以及强化城市多种排水预警因素的情况下，根据突发事件的不同等级做出有效回应。并在可靠技术监测手段的支持下，通过预警信息网络化管理，专设部门的信息传达，迅速对排水突发事件做出反应，提供现场信息收集，为指挥部门提供分析处理突发事件的依据，并且判断后续发生各类事件的概率，在针对紧急事件时做出布防、监控、抢救等有效应对措施。

三、加强部门协调，做好风险防范及应对

(一)从管理法规上落实权责分配

应急管理作为城市公共管理的重要一环，排水设施应急管理也应按照公共管理的基本守则开展活动。

首先，需要在地方法规和行业条例上进行针对性的补充和完善。特别针对各类

---

① 柳大宇. 城市排水设施应急管理体系优化研究 [D]. 长春：吉林大学，2016：33-39.

破坏排水设施、忽视排水风险危害的行为，需要通过地方人大来建立处罚规定，对各类破坏排水管网的行为予以制止和惩处，通过城市管理部门或者公安部门来维护排水基础设施的安全。

其次，要进一步明确各个区域排水设施应急管理的直接责任部门，在市应急办的统一领导下，将责任落实到人，并理清排水管理处的从属关系，对原来水务集团和城建局两家共管的局面加以矫正，在组织架构体系下给予排水管理处更为灵活的处置权限和管辖范围。

再次，对每处排水设施和管线都要明确日常维护及管理单位，在排水管理处保持日常养护的基础上，也在平时有安全管理上的保障，同时在发生突发事件的时候，周边单位有义务给予紧急处理和救助，并及时将情况告知排水应急人员。

最后，完善城市排水设施应急管理方面的各项规章制度，对于应急物资以及设备的筹备维护，需要补充完善相关条例，并根据季节性变化的排水风险对于规章制度予以修订调整。总之，必须明确排水管理单位主体以及相关责任人的义务与职责，在制度化保障的基础上规范专业应急体系的形成。

(二) 运用网格化管理模式进行排水风险防控

在信息化系统进行风险分析的基础上，要快速执行各类风险应对方案，需要对各类风险事件快速反应和有效应对。采用网格化管理模式明确管辖范围和主要职责，具体做法是将政府主管部门、周边单位、城市居民等各个群体依照排水设施应急管理区域进行划分，按照网格化的方式构建整个管理体系。一方面与整个风险监控和分析的信息系统进行对接，另一方面在网格化管辖下给予每个单独区域以不同的巡查重点，能够通过数字化管理的方式，将原本处于模糊性表述的风险信息进一步精确化，帮助排水管理部门主动发现排水风险的位置和区域，迅速以信息化手段获知具体风险情况，改善应急人员对排水事件的处理速度。

第二节　城市排水管网地理信息系统的应用

一、排水管网的电子地图

地理信息系统（Geographic Information System，简称 GIS），也称地学信息系统，是一种特定的空间信息系统。GIS 管理的对象是多种地理空间实体数据及其相互关系，在计算机软件和硬件系统的支持下，GIS 以地理空间数据库为基础，对整体或部分空间中的地理分布相关数据进行采集、储存、管理、运算、分析、模拟、显示和描述。GIS 还可以采用地理模型分析的方法，通过提供多方面的地理空间动态信息，为各个学科相关的地理研究和决策服务建立科学系统的计算机技术支持体系。例如，将排水管道与检查井的空间分布信息和所在区域的地形图、影像图、航拍图等基础信息进行动态叠加，可以为排水管网数据的显示、查询、管理与分析提供排水管网电子地图。利用 GIS 技术统一存储和管理空间数据的特点，将基础地理信息和管网空间数据集成管理并动态显示在地图上，通过数据分层直观体现数据表达对象的不同，有序地管理排水管网相关的数据，为排水管网管理提供功能强大的电子地图。

在排水管网电子地图上，通过一系列的地图基础操作对与排水管网相关的基础地理信息（包括管网分布图、多种比例尺的地形图、遥感影像图等）进行综合管理，满足排水管网日常管理中最基本的业务需求，如动态更新数据集、分层查看数据集、动态缩放与漫游地图、详细显示管网周边的地理信息、显示某个检查井周边的地形及影像数据、准确量算排水区域的面积和排水管道的长度、进行多年历史数据的对比及打印制图等。

总结排水管网管理部门日常管理中对排水管网电子地图最基本的业务需求，按照 GIS 提供基础功能的逻辑分类，可将排水管网的 GIS 基础操作分为：数据集操作、地图视图、地图选择、地图量算、地图书签、地图对比和地图制图打印。通过这些功能不仅可以给使用者呈现更加丰富的地图可视化内容，而且也为 GIS 空间分析技术在排水管网管理中的应用奠定了数据基础。

(一) 数据集操作

在日常的排水管网电子地图基础操作中，通过打开、关闭、显示数据源等数据集操作，可以分层管理当前地图中所显示的空间数据。

由于不同排水管网系统的管理业务对数据的需求不同，在工作过程汇总中需要加载不同的数据集作为底图数据进行地图参照。例如，在数字化排水管网业务中，业务人员在录入管网空间数据时需要对照相应的 CAD 图层数据。此时，通过数据集操作中的打开数据源操作可以临时叠加 CAD 图层，以便业务人员可以快速地进行排水管网的数字化录入。

排水管网电子地图本质上是多源数据叠加后的一幅动态地图，业务人员不需要查看与分析某一类型的数据时，通过关闭数据源操作即可从地图中移除该部分数据。例如，在进行历年地理信息对比的过程中，通过打开多时段遥感影像等数据可方便地了解关注区域的地理信息变更过程；而在模拟显示整个管网运行状态的过程中，则可以临时关闭遥感影像、土地利用等背景数据，在地图窗口中更为显著地显示排水管网的状态专题图。

除了手动的开关数据集方式，通过设置每个数据集的显示比例尺，可以根据比例尺的不同自动显示不同的地图内容。一般而言，数据集显示的比例尺设置方式与人的直观视觉逻辑相关，即随着比例尺的放大，地图会显示更加丰富和细微的内容。

(二) 地图视图

由于 GIS 支持下的电子地图是一种动态的地理信息视图。在这种视图下，通过缩放、漫游、视图切换等工具可以动态改变当前显示的地图内容，通过图层控制和鹰眼视图可以控制视图显示的范围和内容。图层控制操作通过图层的显示与否、当前图层在所有图层列表中排列位置的调整等方式来控制地图中的显示内容。鹰眼视图作为电子地图的导航图，可显示当前视图在全图中的地理位置，并可进行快速调整与定位。

(三) 地图选择

地图选择是地图数据编辑、查询、分析等功能的辅助功能。GIS 通常提供点选、框选、多边形选择、圈选等选择操作功能，并可实现通过地理要素的相互空间关系进行图形的空间查询与选择。在排水管网系统管理过程中，为了简化选择操作工具的使用方式，提高工作效率，通常需要对选择操作在 GIS 已有功能基础上进行定制化开发，结合排水管网中专业地理要素的选择需求，加入排水管网管理中特有的选择模式，如检查井选择、管道选择、汇水区选择、选择集统计等功能。通过定制化开发的统计窗口，可以快速统计所选管道的总长度，所选汇水区的总面积等信息。

(四) 地图量算

在 GIS 中，任意两点之间的距离和任意封闭面状要素的面积都可自动计算得到，无需人工根据地图投影方式和比例尺进行换算。根据这一特性，操作人员可以通过绘制线段或多边形对地图上显示要素的长度或面积进行快速量算。在排水管网的空间数据更新后，通过 GIS 可以自动获得所有管道的长度信息，并写入管道的属性数据。在选中相应管道后，用户可以方便快捷地查看管道长度等属性信息，也可以对属性信息进行统计汇总，甚至可以将自动量算的数据自动输出到模拟文件，以支持排水管网的动态模拟分析计算。

(五) 地图书签

地图书签将用户关注的地图区域范围，以书签的形式快速方便的保存，以便用户在之后的地图浏览过程中快速将地图定位到所关注的区域。在排水管网日常管理中，业务人员经常需要将地图定位到某一管网设施或某一地名附近的地理位置，如查看某污水处理厂周边的管道状况，查看某一经常溢流的检查井所在区域的地理信息等。如果每次都通过地图操作去寻找关注区域，则会增加用户的地图操作步骤与工作难度，不能实现关注区域的快速定位与显示。利用书签进行地图显示范围的记录，在需要重复查看该区域地图时，通过简单的双击书签项操作就能快速进行地图定位。

(六) 地图对比

通过地图对比，可以实现同一区域不同显示模式和地图内容的直观对比。排水管网地图对比一般分为以下三种模式：

第一，历史对比模式。历史对比模式是指不同时期同一区域基础地理信息或管网空间数据的对比显示。通过历史对比模式，可以直观地查看城市地形及管网的历史演变情况。

第二，情境对比模式。情境对比模式是指对同一时期同一区域的排水管网在不同模拟情境或不同设计方案下的对比显示。在不同降雨强度管网负荷分析、管网规划设计、管网改造、管网布局优化等工作过程中，通过对工作方案或模拟结果进行地图对比分析，可以辅助工作人员更全面地了解管网的状态变化规律，并进行工作方案的评估、调整与优化。

第三，视图对比模式。视图对比模式是指对同一时期、同一区域的管网在不同显示或渲染模式下进行的视图对比。例如，通过管道管径专题图与管道充满度专题图的对比分析，可以初步判断某一管道在某一时刻的充满度过大的情况是否由管径过小所导致的。

(七) 地图制图打印

地图制图打印为排水管网系统管理中输出纸质地图提供功能支持。通过地图操作，对排水管网电子地图进行样式和显示内容的调整与设置，以达到用户满意的显示效果，然后通过"所见即所得"的方式进行打印输出，就能得到排水管网系统管理所需的各种专题图。

二、排水管网的数据处理

(一) 排水管网数据的内容

在排水管网系统管理的实际应用过程中，涉及的排水管网数据内容多样，具体如下：

（1）排水设施基础属性信息，包括管道起点与终点的地理坐标、材质、埋深、管径、长度、建设年代、建设单位、养护单位等内容。

（2）排水管网各类原始资料，包括现状图、设计图、施工图，竣工图等资料。

（3）日常运营维护与在线监测数据，包括水位、流量、淤积深度、水质监测数据、管道清疏资料、施工维护记录等信息。

（4）规划、设计、建设的相关资料，包括新扩建规划资料、户线接入业务信息等。

（5）历史资料数据，包括历史时期排水管网建设与维修情况、历史集水情况、历史降雨数据等。

（6）洪水分析、退水分析、事故应急、排水调度等数据资料。

(二) 排水管网数据的类别

1. 排水管网空间地理信息数据

排水管网空间地理信息数据简称为管网空间数据。管网空间数据主要包括管网中各种设施 (检查井、管道、出水口、泵站等) 的地理位置信息，以及管网中各个排水流域的空间分布信息。管网空间数据初始模式往往因地而异：①数字化尚未普及的地区可能还在使用 Excel 表格管理空间信息的方式 (在 Excel 表格中显式地存取地理坐标)；②普及数字化但未将 GIS 应用于排水管网管理的地区可能会使用 CAD 的格式存储管网空间信息；③已将 GIS 应用于排水管网管理的地区可能使用了各种 GIS 软件平台支持的矢量图层格式存储管网空间信息。

随着 GIS 在我国各个行业领域的普及，上述第三种管理模式是城市排水管网数字化管理的发展方向，这主要是由于前两种管理模式存在较大缺陷：第一种管理模式最大的缺点在于不系统、不直观，不能可视化的显示排水管网的空间分布情况；第二种存储的信息则局限于管网的空间坐标，仅仅是简单的图形显示和记录，不能有效地显示相关属性信息，无法直观表现排水系统中各种设施的特性数据，不利于进行排水管网的查询检索、网络分析、空间分析和模型模拟。而上述问题在 GIS 相关系统中可以得到很好的解决，各种不同的显示视图使得排水管网的显示更加直观；通过建立不同的地理要素图层可以分层管理不同类型的管网设施；通过关联一系列的属性信息表可以详细描述管网中各种要素的特性。因此，通过 GIS 方式来存储管网空间数据必然是城市排水管网管理的发展趋势。

2. 排水管网系统管理业务属性数据

排水管网系统管理业务属性数据简称为管网属性数据。管网属性数据根据管理业务可分为基础属性数据、资产属性数据、规划设计数据、现状模拟数据、在线监测数据、巡查养护数据等。基础属性数据用以描述检查井、管道高程数据，以及管道长度、高度、宽度、半径等管网设施最基本的属性数据。资产属性数据管理检查井、管道等设施的各种资产信息，包括建设单位、施工时间、管理部门等信息。规划设计数据存储管网在规划设计时的信息数据，包括管道设计管径、设计流量、设计坡度、设计充满度等信息。现状模拟数据指通过现状管网建立数学模型，并运行模型模拟计算得到的结果数据，包括管道的流量、流速、充满度等时间序列数据。在线监测数据则是通过在线监测设备采集所得到的数据，包括流量计、液位仪等设备采集的大量现场数据。巡查养护数据是管网在正常运行过程中产生的大量现场巡查与养护信息，包括巡查工单、养护工单、巡查线路、养护记录、巡查过程中的文字与图片信息等内容。

面对大量、复杂、多形式、动态更新的排水管网数据，需要设计并建立统一的综合数据库，在数据库基础上，建立一套完备的排水管网数字化编辑的操作和工具，以维护排水管网各类数据的网络拓扑关系的完整性和数据的一致性，同时将业务数据、排水管网资产信息以及排水管网模型模拟数据等属性数据与排水管网空间数据有机地融为一体，将管网属性数据与管网空间数据建立动态关联，进行一体化的管理。

在实现编辑操作功能的基础上，还需为管网数据的处理提供一套保障机制，其中包括编辑操作的回退重做、日志记录和用户权限管理，使不同部门以及不同级别的用户，对应不同级别的操作权限，从而保证数据操作的便捷以及安全可靠。

由于排水管网设施的建设以及运营维护是一个长时期的管理过程，过程中将产生大量的历史数据，为保证这些数据的历史检索，需要建立不同时期的历史数据管理机制，进行不同时期排水管网数据的变化记录和对比显示，从而满足排水管网数据的变化过程的记录和查看需求。

(三) 排水管网数据的编辑

1. 排水管网空间地理信息数据的编辑

由于城市发展和管网建设时期的不同，目前国内不同城市和地区排水管网管理部门的管网数据管理水平处于不同的阶段，如果管网数据尚未进行数字化，就需要利用管网空间数据编辑工具来辅助进行管网数据的快速录入；如果管网数据已进行数字化，通常可以通过数据导入方式来完成排水管网空间数据的入库，然后利用管网空间数据编辑工具进行数据的修改与完善。

在完成排水管网空间数据入库后，需要对排水管网空间数据库进行动态的维护管理。包括修改原始数据中的错误信息、对历年管网数据进行变更维护等。在排水管网管理部门对部分管道进行更新改造后，必须及时地对排水管网空间数据库进行更新，才能保持管网空间数据的实时性，提高数据的利用价值。因此，排水管网空间数据库的维护管理在排水管网日常业务中起着至关重要的作用。以下详细探讨GIS 环境下排水管网空间要素的创建、删除和编辑功能。

（1）排水管网空间要素的创建。创建排水管网空间要素指的是在 GIS 支持下的排水管网电子地图上创建检查井、管道、汇水区等空间要素。现实中的排水管网设施要素一般不会孤立存在，各要素之间存在着一定的空间拓扑关系，如检查井一般都连接着上、下游管道，管道一般存在流入井和流出井，而汇水区（或服务区）的雨水或污水总会通过某个节点流入排水管网。只有符合拓扑关系约束的排水管网空间数据才能客观真实地反映排水管网的网络连通关系，才能有效支持网络分析功能和模型模拟功能的应用，才能使用户真正摆脱传统的靠简单推理和经验对排水管网进行分析的困境。

因此，在排水管网网络中创建任何一类的空间要素，都需要自动维护关联要素之间的拓扑关系，使得创建的空间要素正确地接入到排水管网的网络系统中。

（2）排水管网空间要素的删除。排水管网空间要素的删除作为创建的逆操作，同样需要对排水管网的拓扑关系进行自动维护。例如删除检查井要素时，需要检查与此检查井相关联的管线要素是否为孤立线段，如果是，则进行同步删除。

（3）排水管网空间要素的编辑。在日常的排水管网空间数据维护业务中，经常会发生诸如某一检查井在原始测绘数据中所在的地理坐标与补测后的地理坐标不一致，某一管道的流向与实际流向相反，某一支管漏测了一些检查井等各种数据问题。考虑到排水管网的拓扑关系，在修正某一管网空间要素的过程中要自动联动修改与其关联的其他要素。以下是 GIS 支持下的排水管网空间要素的常用编辑操作方式：

1）检查井移动编辑。在检查井移动的同时将相关联的管线也进行移动编辑。

2）管线布局形状编辑。利用鼠标拖动编辑某一条管线各拐点所处的位置，由于排水管道的拐点一般都会设置检查井，所以该功能只在特殊管线处才会用到。

3）管线流向变换编辑。变换管线的正常水流方向，一般情况下与重力流方向保持一致。在流向变换的同时，变更与流向相关的管道上、下游节点编号、上、下管底高程等属性信息。

4）管线拆分编辑。将一段管线拆分成两段管线，增加关联节点，并更新管线与检查井的关联信息。

5）管道合并编辑。将两条或更多相连的管线进行合并操作，删除中间关联的节点，并更新管道长度、起始点节点编号、终止点节点编号等属性信息。

6）汇水区拆分编辑。通过绘制拆分线段，将一个汇水区拆分为多个汇水区。

7）汇水区形状编辑。编辑汇水区多边形的形状，同时维护修改相邻多边形的几何形状，保证汇水区之间没有重叠和空隙，从而维护相邻汇水区的空间拓扑关系。

8）汇水区合并编辑。将多个相邻汇水区合并为一个汇水区，同时对属性数据执行合并操作。

9）汇水区的自动划分。根据汇水区中检查井的空间分布规律，进行汇水区的自动划分。

10）汇水区出水口自动指定。根据检查井与汇水区的空间对应关系，自动选择汇水区包含的检查井，将其设置为汇水区的出水口。

11）汇水区出水口人工指定。在汇水区出水口自动指定功能不能正确反映汇水区与检查井的对应关系时，可根据实际排水情况人工更改调整部分汇水区单元的出水口对应关系，从而使排水管网的产汇流关系（或污水管网的收集区域与节点的关联关系）更为准确。

12）属性信息的提取。通过 GIS 空间要素的地理特征自动提取管网要素的属性信息。如管线创建时可以自动计算长度；检查井创建时自动获取所在点的地面高程等地形信息数据；汇水区创建时可自动计算面积，以及获取汇水区的平均坡度等地形信息。当对要素空间位置进行编辑时，动态自动更新管线长度、节点地形信息；当对汇水区边界进行调整时，自动更新汇水区面积、坡度等信息。

13）管网编辑的对象捕捉。在进行空间要素创建以及编辑操作的时候，为了保证准确的空间定位以及所创建或修改的要素与其他关联要素之间的空间位置关系的一致性，可以在编辑过程中，对不同图层的对象进行坐标捕捉，即在鼠标的移动过程中，自动进行预设定的容差范围内指定图层的空间检索，并将点击鼠标的点自动移动到检索距离最近的要素上。

2. 排水管网系统管理业务属性数据的编辑

在排水管网空间数据的创建过程中，为了保证空间数据与属性数据的对应关系，与要素对应的属性信息也应该同时创建，并建立正确的关联关系。如一个检查井要素在数字化的过程中，除需要在地图中输入其地理坐标外，还需将与此井相关的基础属性数据、资产属性数据、在线监测数据等信息进行录入，并与空间要素建立关联关系，便于用户通过地图查询相关属性信息或通过属性信息查询节点所在的地理位置。如果在要素创建过程中没有关联这些属性数据，那么即使使用了 GIS 技术，检查井图层也仅仅记录了空间坐标信息，这就等同于利用 CAD 管理排水管网的模式，不能从图上快速获得空间位置点具体代表的对象特征，没有充分发挥 GIS 技术将空间数据与属性数据统一管理的优势。GIS 支持下的排水管网管理模式可以更加真实地表达现实世界的排水管网系统以及其中包含的各种设施，通过将管网要素的空间信息和属性信息进行统一管理和存储，地图上的每个点就不仅只有点的空间位置信息，而且还会有大量与之对应的属性信息来更加详细的描述真实管网中的检查井，这样不仅实现了空间与属性信息的统一管理，而且通过相互关联提高了数据的使用效果。

排水管网属性数据编辑在整个排水管网数据数字化的过程中是一项复杂而繁重的任务。属性数据涉及的信息种类繁多，数据需要记录管网的整个生命周期，包括规划设计、现状资产、在线监测、巡查养护等信息；同时属性数据还涉及了多种格式，如文本、表格、图片、视频等。针对这些问题，排水管网属性数据编辑需要有灵活的编辑和维护机制，以应对多阶段、多格式数据的管理需求。

（1）属性数据分类编辑机制。针对排水管网属性数据类型繁多的特征，需要有一种可以将排水管网的属性数据进行分类组织的编辑机制，方便不同的排水业务人员进行分类数据的浏览和编辑。如规划设计人员可能关注规划设计数据，建模分析人员需要了解管网的现状属性数据，管网运行监控人员需要随时了解管网相关的监测数据。

排水管网属性数据分类编辑机制是通过提供各种属性动态分类模式，如模拟模式、设计模式、资产模式、监测模式等，来满足各种业务人员的分类编辑需求。

（2）多种格式数据集成管理机制。排水管网管理中涉及文本、图片、影像、视频等多种格式的数据，如排水管网的规划设计类图纸、排水管网设施巡查图片信息、管道 CCTV 监测视频等数据。为使这些数据在 GIS 中进行集成管理和显示查询，需要借助多种格式数据的集成管理机制，在 GIS 环境下进行集成开发，通过地图要素的选择状态切换，动态显示当前选中管网要素相关的文本、图片及视频等资料，从而提高属性数据的使用效率，增强地图显示内容的丰富程度。

（3）图形辅助支持编辑机制。由于排水管网的特征参数众多，提供特征参数的图形化示意图，通过图示可以直观说明该参数的实际含义和相关描述信息，供编辑操作人员在录入数据的过程中进行参考，可防止数据录入过程中特征参数的理解错误，从而提高数据输入的准确度。

（4）属性数据批量编辑机制。进行排水管网数字化建设时，常需要对多个要素的同一属性进行编辑。对于同一类型要素的某项参数进行批量的修改操作时，如果逐个进行修改不仅会浪费大量的人工操作时间，而且会增加数据录入出错的可能性。通过和地图选择集建立对应关系，设计排水管网属性数据批量修改机制，一次完成所有同类型选中要素的属性值的批量修改操作，从而减少业务人员的重复性操作内容，提高工作效率，同时提高数据录入的准确性。

（5）属性数据编辑工具。为了满足不同类型业务数据的编辑操作，属性编辑工具通过不同界面和窗体来保证各种数据能够统一地进行管理和维护，并通过编号等关键字段与地图要素建立对应关系。例如管网属性列表修改窗体、降雨数据和监测数据等时间序列数据修改窗体、排水管网模型各类特殊参数的编辑窗体等。

3. 排水管网数据编辑的保障机制

排水管网数据的编辑需要建立完备的数据保障机制，以提高排水管网空间和属性数据编辑的效率，保障数据的正确性。这一机制一般分为以下两个阶段进行：

第一个阶段在编辑过程中，由于排水管网数字化是一项复杂而繁重的工作，在数字化的过程中容易出现误操作，如果因为一个误操作导致保存之前的编辑工作前功尽弃，那必然会极大地降低工作效率。因此提供数据编辑的撤销重做机制，将数据编辑操作历史进行记录，使得业务人员可以有选择地回到先前的编辑状态，对误操作进行撤回。

第二个阶段在数字化完成后，当完成所有排水管网空间和属性数据的录入后，为保证空间和属性数据的正确性、有效性和一致性，需要经过管网拓扑关系的检查及要素属性参数的有效性验证，并根据检查结果进行快速定位和相应的修正工作。只有通过拓扑检查和修正的排水管网数据，才能更加准确地体现现实排水管网的网络关系与属性特征，并为实现基于网络的查询、分析及模拟等业务功能提供准确的数据支撑。

（1）数据编辑撤销重做机制。排水管网数据编辑的撤销、重做机制是指通过将数据编辑操作涉及的空间和属性数据变更过程进行详细的记录，以方便数据编辑人员有选择地进行操作过程的撤销和重做（即 Undo 和 Redo）。从程序实现的原理来讲，就是将数据编辑操作类型进行细分后，将每一个操作步骤都压入到操作记录堆栈中，堆栈遵循先进后出的次序，这样就能保证在编辑时首先撤销的是最近执行的操作步骤。

（2）拓扑检查及修正机制。拓扑是反映空间要素之间关系的数据模型或格式。利用拓扑规则可以指定要素类中的要素之间有何种空间关系，或者多个不同要素类中的要素之间的空间关系。排水管网拓扑检查及修正机制是通过对排水管网的拓扑关系和属性数据有效性的检查规则，对排水管网数据进行检查和验证的过程。

拓扑规则检查和处理是排水管网数据录入完成后的重要数据检查与处理环节。由于数据来源、编辑更新以及人为录入等原因，常会造成数据中各种排水系统要素间的拓扑错误，而一个较为复杂的城市排水系统往往由上万根管道、上万个节点和上千个汇水区以及分流井、孔、堰和出水口等要素组成，对如此庞大复杂的系统进行拓扑关系检查和修正是一项繁重的工作，单靠人工几乎是无法完成的。为此，需要基于 GIS 开发排水管网空间拓扑关系检查和修正功能，通过执行该功能，系统可以自动检查现有数据的拓扑关系是否正确，并提示用户拓扑出现错误的位置和错误类型，再借助编辑工具修正这些拓扑错误。

（四）排水管网的历史数据管理

随着城市的发展，作为城市重要基础设施的排水管网在不断地发生变化与更新，因此，数字化排水管网管理系统中的管网数据也需要根据实际情况进行动态的更新，以保持实时性，更好地支持排水管网管理的业务应用。如果在每次变更管网数据时，直接覆盖掉以前的数据信息，将导致用户无法查看管网数据的历史变化过程；而如果把更新前的数据库拷贝后再进行更新，虽然解决了历史数据丢失的问题，但是也存在数据管理不统一、数据关联关系缺失、数据冗余量较大等问题。因此，想要既保证统一管理历史数据，又不产生数据冗余，就需要一套完整的排水管网历史数据管理机制。

高效的排水管网历史数据管理是通过数据库增量存储机制实现的，即在存储发生更新的记录时，保持原有对应记录不变，在系统中新增一条记录存储变更信息，通过关键字段标识记录所属的时期，这样就可以在一个数据库中存储不同时期的排水管网数据，并记录排水管网的历史变化过程。使用上述机制，即可以保证多年的数据都在同一数据库（甚至可以是同一数据表）内存储，并可以通过记录数据增量避免数据冗余，同时，通过要素编号建立数据相互关联关系，反映管网要素的历史变化过程。

第一，排水管网数据历史情境管理。排水管网数据历史情境是指某一历史时刻的排水管网的分布情况与属性数据。一般情况下，为了管理方便，可以每一年对应一个历史情境。将所有年份的历史情境管理起来，就可以使业务人员快速地追溯管网的历史演变过程，了解管网建设和更新的情况。每个历史情境通过相应统计信息来体现当时的管网总体情况，包括管道总数、总长度、排水流域面积等信息。

第二，排水管网数据历史变化。排水管网数据历史情境管理功能为排水管网数据历史变化分析提供了数据支撑和保障。从排水管网数据历史情境中可以提取所有排水管网设施在不同历史时期中的铺设、改扩建、权属变更以及废弃等历史变化信息，并直观显示其变化过程。

第三，排水管网数据对比分析。通过排水管网数据历史变化分析，可以清晰地了解某一个管道或部分管网设施的历史演变过程，以及从整个管网地图的角度直观对比分析多个不同历史情境的管网数据。

（五）排水管网数据的导入与导出

很多城市的排水管网管理部门都已经或多或少地进行了排水管网信息化的尝试，将管网数据进行了数字化存储，以 CAD 文件、GIS 图层等格式存储管网空间数据，以数据表或数据库方式存储属性数据。通过数据导入操作，可将现有的大量排水管网数据直接导入 GIS 系统，减少业务人员繁重、复杂的数据处理工作量；而排水管网数据导出操作，可以使得业务人员将管网数据与外部系统进行便捷的数据交换，同时也可快速完成统计报表以及导出相关图片用于资料归档。通常，导入、导出功能是 GIS 系统本身固有的功能，可以实现大部分数据交换的操作，但基于 GIS 系统进行扩展开发，可以为排水管网数据的使用提供更为便捷的操作工具。

第一，导入外部数据。排水管网的外部数据格式是多样的，包括可存储属性数据的 Excel、Access 以及可存储空间数据的 CAD、Shape File（或 shp 文件）、Geo Data Base（ESRI 公司的空间数据格式）等。如此多格式的外部数据必然在导入的过程中存在差异，而排水管网在进行外部数据导入时，需要利用统一的接口和操作界面，使业务人员把更多的精力放在交换内容的匹配上。其中，交换内容的匹配是指在数据交换过程中，交换数据之间的列（或字段）的相互映射关系。例如，排水管网管道信息中的管径字段对应于外部数据中的某个图层或某个表的某个字段。只有建立了这种映射关系，数据交换双方才能建立数据通道，进行数据交换。

第二，导出 CAD 图层。CAD 是排水管网管理和规划过程中常用的数据格式。基于 GIS 现有技术，可以定制化开发导出 CAD 图层功能，将排水管网当前地图范围内显示的全部矢量数据进行导出操作，生成 CAD 数据，并尽可能地保持显示的样式和颜色。

第三，导出 GIS 图层。通常，一个城市或地区的基础地形数据与排水管网包含的数据具有种类多、存储方式多样、数据量大的特点。基于 GIS 系统的现有功能，对当前地图中显示的所有地图数据依据当前显示的地图范围进行选择和截取操作，生成包含当前窗口显示内容的 GIS 格式数据集和对应显示样式的记录文档，既可以大大减少局部数据交换的数据量，又可以保护整个城市或地区的原始数据安全，有利于进行数据的交换和共享。

第四，导出图片。导出图片功能可以将排水管网电子地图中当前视图的数据导出成 BMP 或 JPG 等格式的图片文件，这是 GIS 通用系统中的常见功能。基于基本的导出图片功能，进行定制化开发，如利用 Open Layers 技术，按照特定规则导出一系列图片，可以生成用于 Web 发布的可缩放的网页格式数据，这种定制化的开发实现了地图内容的快速分级显示，同时保护了地图原始数据。

第五，导出表格数据主要是将排水管网相关的属性数据或者模拟分析数据，导出为 Excel、TXT 等格式数据，以方便进行数据的交换和进一步分析。

第六，图文统计报表生成。根据排水业务的具体内容和分析需求，将综合数据库中存储的属性数据与空间数据进行统计分析，可输出各类形式的业务报表，如排水设施巡查报表，管道清疏维修报表等。基于 GIS 技术，将地图分析与业务数据相结合，可提供排水管网管理过程中所需的图文报表，以充分体现排水管网设施的空间位置与业务属性数据的关联关系，从而便于业务人员直观地理解报表包含的内容。

三、排水管网的查询与三维分布

在排水管网数据库建立的过程中，管网空间和属性数据建立了相应的关联关系，管网空间数据中的检查井图层、管道图层与汇水区（或服务区）图层之间也建立了正确的拓扑连接关系。基于数据库中的大量数据信息以及数据之间的关联关系，利用 GIS 系统的基本查询功能，可以实现基于各类综合信息的管网查询功能、基于排水管网网络拓扑关联关系的管网网络分析功能与基于管网三维拓扑结构的管网三维浏览与查询功能，如图 3-1 所示 [①]。

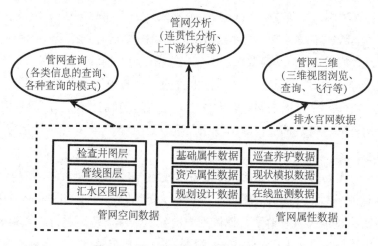

图 3-1 排水管网查询分析功能设计图

（一）排水管网的设施查询

数据是查询分析的基础。在排水管网数据的基础上，在 GIS 系统的支持下可进行与管网相关的各类信息与各种模式的查询检索。在排水管网中，可以用于查询的信息包括地名、管网设施单位名、管网设施资产属性、管网图层字段信息、管网中空间要素相互关系等。查询模式主要包括"以文查图"与"以图查文"。地名查询、属性查询及图层查询在 GIS 中统称为"以文查图"的查询模式，即根据属性条件来查询检索对应的空间要素，并对检索得到的空间要素集合进行选中、飞行和放大到

---

① 陈吉宁，赵冬泉. 城市排水管网数字化管理理论与应用 [M]. 北京：中国建筑工业出版社，2010：58-107.

要素所在位置等地图操作；空间查询一般指"以图查文"的查询模式，即对管网电子地图进行空间选择操作，通过选中的空间要素来查询其相关属性信息。

1.地名查询

在实际管理过程中，排水管网要素并不是孤立存在的，而总是与某些地理要素有一定的空间相邻关系，如居民小区、企业单位、道路等，根据相应的地名信息进行模糊查询，通过模糊查询结果，可以使得排水管网电子地图快速定位至相关的地图区域，方便进行该区域的排水管网数据的查看和浏览。另外，还可以利用缓冲区分析等GIS分析工具，查询并选取当前区域及一定范围内的管网要素，并进行统计分析。

2.属性查询

在排水管网的日常运行和维护中，管理人员经常需要了解满足一定条件的管网要素的空间分布情况和数量，如在管网维护工作中如何快速地获取某居民小区内直径大于1.0m、使用年限超过5年的所有管道的信息。在GIS系统中，可以通过自定义查询的方式来实现对管网要素的简单查询或高级查询。

管网属性简单查询是指根据管网的基本属性（如编号、长度、高度、井底高程等）设置简单的查询条件，快速查询出满足条件的管网要素，一般情况下，提供节点、管线、汇水区等管网要素的快捷查询界面。

管网属性高级查询是指利用数据库系统支持的SQL查询条件，生成带有数学运算符、逻辑运算符以及条件运算符的复杂管网要素查询条件表达式，通常会提供验证工具来检验表达式的有效性及合法性，并根据通过验证的表达式，查询检索出满足复杂条件的管网要素，以满足用户的多种不同的检索要求。

3.图层查询

图层查询的方式和模式与属性查询基本一致，其区别在于查询的数据源是不同的，属性查询是针对排水管网数据库设计的，而图层查询则是针对排水管网管理中涉及的各种空间图层设计的，这是一般的GIS系统都拥有的基本查询功能。通过图层查询功能，可以充分利用地图中包含的所有图层的信息进行检索，根据地图中包含的对应图层的字段信息定义查询规则，查询符合条件的图层要素并进行定位。在图层查询中，也可以通过配置复杂的查询字符串来实现地图图层中包含多个字段内容和多个查询条件的复杂查询要求。

4.空间查询

空间查询是指通过空间要素来查询相关属性信息。通过与地图窗口中相应管网图层进行交互选择，查询出满足一定空间范围的管网要素，并在窗口中显示出选中管网要素的属性信息。空间查询主要包括点选、框选、圈选和任意多边形选择等管网要素图层选择方式。

点选：通过鼠标在地图上进行点击，从而获取活动图层中鼠标点击位置及周边一定范围内的管网要素。

框选：利用矩形绘图工具，用鼠标在地图上绘制矩形，获取绘制矩形区域内的管网要素，然后通过表格方式或者属性窗体方式显示多个或单个管网要素的属性信息，框选检查井后利用属性窗体方式显示单个检查井要素的属性信息，可以通过选中列表切换选中检查井要素以查看对应的属性信息。

圈选和任意多边形选择除鼠标绘制要素的形状差异与框选查询不同外，查询结果的检索和表达方式一般是相同的。

(二) 排水管网的网络查询

在排水管网管理过程中，我们往往需要进行一些快速的分析与判断，包括如何快速地判断某一爆管处与指定处管道之间是否连通；如何准确地找到哪些排水流域的污水会流到某个污水厂或关键节点；如何获取某条河流会收集该地区哪些雨水管网的降雨径流。面对上述问题，如果没有 GIS 支持下的排水管网的网络分析功能，就需要管理分析人员凭个人的经验和相关的图纸去进行人工查找和分析，这是在将GIS 技术用于排水管网管理之前的常用解决方法。这种方法的缺陷在于不仅在人工查找过程浪费大量的人力资源，而且在管网连接关系比较复杂的区域进行人工分析出错的可能性较大，分析效率较低，不能满足紧急事件时快速分析与判断的客观需要。

在 GIS 的支持下，当排水管网发生故障时，根据排水管网的空间拓扑关系，可以利用网络分析功能对发生故障周边范围的排水管网数据进行分析，包括管网的连通性分析，关键点上、下游的检查井分析、管道分析、汇水区分析以及分析结果的统计汇总，可以辅助管理人员快速确定故障点的影响范围，从而进行排水管网的科学管理和决策。

第一，排水管网连通性分析。排水管网连通性分析用于分析两个节点之间是否存在连通的管道路径。借助该分析功能，可以解决众多日常排水管网管理的分析问题。例如，通过设置起始处与爆管处的节点来查询起始处节点的排水是否会影响到爆管区域；通过设置查询点与某一污水厂的节点来查询该查询点的污水是否最终流入该污水厂。对于连接关系比较复杂的排水管网区域，可查询和分析得到两个节点是否存在多条连通路径，以及每条连通路径中所包含的管道段数及长度等信息。

第二，排水管网上、下游查询。排水管网上、下游查询与分析可用于查询某一个或多个指定节点的上、下游排水流域、上、下游管道以及上、下游节点等信息。通过上、下游查询分析，可解决管网管理中的诸多问题，如查询影响某一处的爆管事件的上游管网影响范围和区域；查询某一污水厂或出水口覆盖的排水管道及相应的排水流域；查询排入某一河流的雨水管网分布情况等。在上、下游查询与分析的基础上，还可以对上、下游管网要素的查询结果进行统计分析，包括排水节点个数、排水管道条数与长度、排水流域的面积等统计信息，从而为管理人员与决策人员采取快速应急措施提供简单快捷的分析方法与必要的统计数据。

(三) 排水管网的三维分布

利用三维仿真及虚拟现实技术，可以在原有地形、道路、建筑物等基础地图数据的基础上，叠加相关的管线和节点信息，生成排水管网三维场景图，从而再现地下排水管网的三维分布情况，方便管网管理人员对区域范围内的复杂三维管线分布及周边情况进行快速浏览与查询工作。基于 GIS 技术，可以实现三维显示、三维浏览查询、三维视图分析与三维飞行等具体功能。

1. 三维显示

在地形、建筑物等基础背景地图数据的基础上，排水管网三维显示不仅可以利用管网数据库中的相关管网信息生成管网三维结构图而且可以结合相关模型的模拟结果显示出不同时期管网的水位变化状况。排水管网三维结构显示是指在研究区基础地图的基础上，通过利用三维仿真及虚拟现实技术，结合排水管网的结构数据，实时生成排水管网的三维结构图，同时显示地上和地下的真实三维信息，更好地分析当前区域内排水管网的三维结构情况。

2. 三维浏览查询

在三维视图的基础上，结合视图控制及地图查询，可为排水管网管理人员提供排水管网的三维视图浏览及三维视图查询。排水管网三维视图浏览主要包括三维视图放大、缩小、漫游、旋转及全图显示等视图控制操作。

排水管网三维视图查询主要包括三维管道查询、三维节点查询及三维楼宇查询等管网相关信息的查询。通过地图点击的方式选取管道、节点或建筑物，将自动显示选取要素的属性信息，包括高度、类型及详细地理位置等信息，通过配合平面视图，可更全面地反映选取要素的空间位置和属性特征。

3. 三维视图分析

排水管网三维视图分析根据视角的不同可分为水平分析、剖面分析和对比分析三种视图模式。

水平分析：使用俯视方式查看当前区域的三维管网视图，与平面地图显示效果相似。

剖面分析：对指定范围进行纵剖面切割，并以垂直视图的方式进行显示，类似于管道纵断图分析，但在三维视图下可以更全面地显示管道周边的建筑物信息。

对比分析：对同一分析区域，以不同的三维视角进行对比显示，从而使分析人员对该区域周边的管网结构和地表特征有更加全面的认识。

4.三维飞行

排水管网三维飞行主要包括沿管道飞行、定点旋转飞行以及与平面地图同步飞行等三种飞行模式，通过三维飞行，可以动态显示某一连通管道的结构特征和周边建筑物特征，便于分析者对管道三维特征建立起直观认识。

沿管道飞行：通过指定一段相互连通的管道为飞行路径，设置视角、时间及显示范围等参数来进行模拟飞行。可以通过俯视飞行突出显示连通管道周边地面以上的特征，通过仰视飞行突出显示连通管道周边地面以下的特征。

定点旋转飞行：选取任一管道或节点后，三维视图可以按顺时针及逆时针两种方式围绕当前选中对象进行飞行，此时可根据实际需要调整旋转的速度，辅助对局部细节进行全面的分析和查看。

平面地图同步飞行：根据模型模拟结果进行追踪飞行，在平面地图上跟踪点的位置变化信息，在三维视图窗口中同步显示跟踪点周边的三维结构视图和水位变化情况。

四、排水管网的模拟结果

排水管网模型通过模拟计算得到的模拟结果一般是一系列的时间序列数据，管网中每个要素（节点、管线和汇水区）都对应一张二维表格。模拟结果中，检查井要素包括每个时刻的水深、水头、总入流量、溢流量及水质等结果；管线要素包括每个时刻的流速、流量、充满度和水质等信息；汇水区要素包括降雨量、径流量和污染物冲刷量等数据。对于上述复杂的排水管网模拟结果数据，需要使用者具有较丰富的水文、水力及水质专业知识才能进行分析和使用。因此，如果在模型分析完成后，给使用者呈现出来的是复杂的结果数据，那么势必会降低使用者对模拟结果的认识程度，影响模型模拟分析方法的实用化和工程化。

在GIS的支持下，可以对模型模拟分析结果进行可视化的直观显示，具体而言，有六种表达方式，即结果图表、平面专题图、纵断图、三维视图、模拟结果统计视图及模拟结果报表。在实际的分析过程中，每种模拟结果的表达方式都有不同的效果，它们分别从不同的方面表现了排水管网的运行状态。GIS支持下的排水管网模拟软件通过将模拟结果数据进行多角度、可视化的综合显示，以直观丰富的表达方式来展示复杂的模拟结果数据，可以使模拟计算结果易于理解，从而提高模拟分析方法的实用化水平，促进模拟分析方法在排水管网实际管理中的工程化应用。

第一，模拟结果图表显示。图表是最简单的模拟结果展示方式，包括模拟结果表和模拟结果曲线图。模拟结果表显示了管网中每个要素（包括所有检查井、管道、汇水区等）在模拟时间内各个时刻的所有结果数据；模拟结果曲线是将每个管网要素以时间序列组织的结果数据显示到横坐标为时间、纵坐标为某一模拟结果的曲线图上。在同一曲线图上，可通过显示多个管网要素的曲线进行对比，还可通过第二纵坐标显示降雨量等数据，来直观显示降雨过程与某一模拟结果之间的关系。上述视图中的管网要素通常通过关键字段与地图建立关联关系，从而可以快速查看数据或图表所对应要素的空间位置。

第二，模拟结果平面专题图显示。模拟结果平面专题图是用检查井、管道、汇水区中某一结果变量的信息来渲染 GIS 支持下的排水管网电子地图。例如，根据管网中所有管道的充满度结果数据对管道图层进行渲染即可得到管道充满度平面专题图。在排水管网的电子地图上，通过不同深浅的颜色或不同大小的符号来渲染管网要素，使得模拟结果更加直观，并且容易辨别。例如，在管道充满度专题图上，通过颜色的深浅来判断哪些管道充满度较高；在检查井溢流量专题图上，通过符号的大小来判断溢流检查井的位置和溢流量等信息。

由于通常会对一段时间的管网状态进行模拟分析，而每一个模拟时刻都会对应一张该时刻的管网状态专题图。基于 GIS 的地图显示功能，可以开发随着模拟时间变化进行专题图动态刷新与显示的功能，辅助用户更加直观地理解管网状态的变化过程。如果想查看某一时间段内的统计结果的平面专题图（如查看一场降雨过程中，检查井的最大溢流量分布情况），就需要对模拟结果进行统计分析，然后将统计结果关联到管网数据，再生成平面专题图进行显示。

第三，模拟结果纵断图显示。管网纵断图可以直观地显示管网的部分几何特征，如检查井的高程、管道的长度及坡度等信息。管网模拟计算完成后，在管网纵断图上可以动态地显示检查井和管道内的水深信息，从而直观地判断检查井是否存在溢流以及管道是否满流等状况。

第四，模拟结果三维显示。管网三维图可清晰地显示管网的三维结构，结合管网的模拟结果，将管道与检查井中的水深根据模拟结果在管网三维视图中进行加工处理，可直观显示排水管网中的负荷变化状况。

第五，模拟结果统计分析。在评价排水管网的整体运行状态时，模拟结果中一段时间内的平均值或峰值等统计数据比瞬时数据有更重要的意义。对管网要素的模拟结果进行最大值、最小值、平均值或持续时间等数据的统计，能够方便业务人员更全面地对排水管网运行状态进行判断。

第六，模拟结果报表。模拟结果报表可以为用户提供各种模拟结果的统计信息，是排水管理软件系统中分析模拟结果可靠性和对重要模拟结果统计值进行显示与输出的重要功能。报表提供的信息包括径流水质水量统计、模拟误差信息、节点水深、节点流量、节点溢流、管线过载、系统蓄水、出水口水质水量统计等内容。

五、排水管网的模型构建

排水管网模型结构复杂，参数众多，对一个情境的模拟往往需要修改模拟文件中的多行数据，而且模型模拟结果的数据量大，数据结构复杂，这些因素限制了排水管网模型在管理部门的实际应用。通过对实际模拟工作中的排水管网模拟情境的条件进行分析，在系统开发过程中，可以开发专门的界面，以支持模拟情境条件的设定，通过将模型与排水管理部门的业务系统进行紧密综合运用，可以降低模型应用的复杂程度，提高模型的应用效率。

（一）排水管网模拟情境条件的设定

为了更全面、科学、合理地模拟排水管网的水力负荷和水质特征，排水管网模型的应用需要对模拟情境条件进行设定，即：①降雨条件；②污水排放条件；③降雨入渗条件；④径流控制措施。在基本模拟情境条件确定的基础上，结合管网空间和属性数据的修改、模型模拟选项参数的确定，即可完成排水管网模拟情境的设定，然后运行模型进行分析计算，从而为相关情境的分析决策提供科学数据。

1. 降雨条件的设定

设计典型暴雨是排水系统水文与水质分析中不可或缺的基本要素。目前，国内外普遍采用的暴雨设计方法包括芝加哥暴雨过程线法、Huff法、三角形法和矩形法等，以下主要论述芝加哥暴雨过程线法和Huff法。

（1）芝加哥暴雨过程线法。芝加哥暴雨过程线法是以统计的暴雨强度公式为基础所设计的典型降雨过程。

强度暴雨公式如下：

$$q = \frac{167 A_1 (1 + c \lg P)}{(T + b)^{n_1}} \tag{3-1}$$

式中：P——设计降雨重现期；

A_1——参数，反映重现期为1年的设计降雨的雨力；

c——雨力变动参数，反映设计降雨各历时不同重现期的强度变化程度的参数之一；

b——参数；

n_1——指数。

其中，b、n_1 两个参数联用，共同反映同重现期的设计降雨随历时延长其强度递减变化的情况。设计降雨重现期 P 指在一定长的统计期间内，等于或大于某暴雨强度的降雨出现一次的平均间隔时间，其选用范围需根据我国各地目前实际采用的数据。

对于某一特定区域，设定降雨重现期 P 之后，可令暴雨强度公式中的 $A_1(1+c\lg P)$ 为常数 a，即得 Horner 降雨强度公式：

$$i = \frac{a}{(T+b)^{n_1}} \tag{3-2}$$

式中：i——平均降雨强度，mm/min；

T——降雨历时，min；

b，n_1——参数，共同描述一定重现期的设计降雨随历时延长其强度递减变化的情况。

根据降雨强度随时间变化的曲线 $i(t)$，平均降雨强度 i 又可以用下式表示：

$$i = \frac{1}{T}\int_0^T i(t)\mathrm{d}t \tag{3-3}$$

将式（3-2）和式（3-3）联立并微分，可得：

$$i(t) = \frac{\mathrm{d}}{\mathrm{d}t}\left[\frac{at}{(t+b)^{n_1}}\right] = \frac{a\left[(1-n_1)t+b\right]}{(t+b)^{1+n_1}} \tag{3-4}$$

由于在一场降雨事件中，降雨峰值发生的时间对管网的运行状态有重要影响。引入参数雨峰系数 r（$0 < r < 1$）来描述降雨峰值发生的时间，降雨时间序列可分为峰后时间序列 t_a 和峰前时间序列 t_b，且有 $t_a = (1-r)t$，$t_b = rt$。则根据式（3-4），有：

$$i(t_b) = \frac{a\left[\dfrac{(1-n_1)t_b}{r}+b\right]}{\left(\dfrac{t_b}{r}+b\right)^{1+n_1}} \tag{3-5}$$

$$i(t_a) = \frac{a\left[\dfrac{(1-n_1)t_a}{1-r}+b\right]}{\left(\dfrac{t_a}{1-r}+b\right)^{1+n_1}} \tag{3-6}$$

式（3-5）和式（3-6）即为根据芝加哥暴雨过程线模型求得的指定降雨重现期下的设计降雨强度，通过式（3-5）和式（3-6）可以求得设计暴雨的时间分配。由于暴雨强度公式的多样性，对于不同的暴雨强度公式类型需要进行参数转换，转换成标准的 Horner 降雨强度公式的格式后才能进行暴雨的时间分配。

芝加哥暴雨过程线法在北美地区已得到了广泛的应用。利用芝加哥暴雨过程线模型将暴雨强度公式转化为典型降雨过程，结合排水管网模型，可以计算在典型降雨情境下雨水排除系统或合流制系统的检查井溢流、管道满流及系统负荷状况。模拟分析结果可以为城市排水管理者制定雨天排水系统应急预案提供决策支持，为排水系统的规划设计提供规划方案评估、优化、调整的工作平台。

（2）Huff法。Huff法是一种基于区域多年降雨量资料的计算方法，该方法具有计算简单、代表性强等优点。Huff法将降雨过程按照降雨强度峰值发生的时间与总降雨历时的比值分为4个区间，即峰值分别发生在0-1/4、1/4-2/4、2/4-3/4和3/4-1的降雨历时内，降雨强度峰值在每个区间都有一定发生的可能性。Huff雨型虽然是Huff对美国中西部地区降雨进行统计得出的，但是其采用无量纲累积曲线的方法描述降雨过程并对降雨进行分型的方法已被其他多个国家接受和采用。对于城市雨水管网或合流制管网的模拟，Huff法提供的四种基本雨型有助于全面分析不同降雨条件下的管网负荷状况。如果有该区域多年的降雨观测数据，还可以统计不同雨型发生的频率，这对于雨水管渠的科学化设计和评估具有更强的指导意义。

在利用Huff法设定降雨条件时，首先，应根据降雨时间间隔和降雨历时确定所需要的降雨强度值个数以及Huff暴雨分类；其次，在以上曲线定义的区间内插值，即可得到累计降雨强度曲线；最后，通过计算得到各时间段内降雨的强度值。不同降雨事件中雨型的差异将会引起排水管网中排水过程的差异，对不同降雨条件进行分别设定与模拟计算，有助于全面分析排水管网系统在不同降雨条件下的水量和水位变化规律以及排水管网各管段的负荷状态，提高城市排水系统的规划设计和运行管理水平。利用Huff法生成的四种降雨类型能够用于城市雨水排除系统的模拟和评估，也可以用于排水管网系统服务性能的总体评价与瓶颈识别，还可以辅助进行雨洪利用工程与管网系统改造方案的规划设计与评估优化。

通过对芝加哥暴雨过程线法和Huff法的介绍可以看出，对于不同的雨型，在生成雨型公式的过程中均需要大量的推理计算。为了快速生成不同的降雨情境，提高工作效率，在数字化的排水管网管理系统中有必要开发便于操作的、可根据不同地区降雨特征快速生成典型降雨过程并用于模型模拟的降雨情境自动生成工具。

2. 污水排放条件的设定

排水管网模型对城市污水排除系统或合流制排除系统的模拟以管网中各个节点的旱季入流量曲线为污水排放条件。旱季入流量为不降雨时流入城市排水系统的城市生活污水量和部分生产废水量。旱季入流量曲线为旱季污水排放量随时间周期性变化的曲线，变化周期可以为日、周、月或年。旱季入流量与城市规划年限、发展规模、节点服务区内的土地利用类型、人口分布等因素有关，是城市排水管网系统模拟的基本数据。一般而言，城市污水量的排放规律具有不确定性，但总体而言存在一定的规律性。例如，一天中早晚的排放量较大，一周中周末的排放量较大，而一年中夏季的排放量较大等。

旱季入流量的大小基本上取决于用水量的大小。城市居民生活中的绝大部分用水都是以污水形式排入污水管道，因此，在有条件的地区，可以采用用水量记录乘以排污系数作为模型的旱季入流量，也可以通过在典型小区的出口安装在线流量计进行长时间的监测，通过统计分析得到模型的旱季入流量。当无法获取监测的用水量记录和直接的监测数据时，只能采用经验的方法进行旱季入流量的计算和设定。目前有四种方法可以用来计算旱季入流量，分别为定额标准法、设计系数法、土地利用信息法和人口信息法。在排水系统数字化管理中，这些方法可以通过软件方便地实现，从而快速地设计出不同污水排放的情境。

（1）定额标准法。定额标准是指建模区域单位时间、单位面积土地上的用水量标准，输入相应定额标准值后，系统就可以根据各个节点服务区的面积计算各服务区在单位时间上的污水排放量。

（2）设计系数法。设计系数是指各个服务区单位时间、单位面积土地上的污水排放量，是服务区的要素属性数据，因服务区不同而设置不同的系数。利用该方法进行污水量分配时，需设置排水管网模型中每个服务区的设计系数值。

（3）土地利用信息法。在城市地区，不同的土地利用性质决定了用水量和污水排放量的不同，根据土地利用类型的不同，如公建区、工业区、一类居住区和二类居住区等，为每种土地利用类型设定不同的排污系数（单位时间、单位面积排放的污水量），利用 GIS 技术将土地利用图层与服务区分区图层进行叠加，可计算各服务区的污水量。

（4）人口信息法。利用人口信息法进行污水量分配时，首先利用人口预测信息和定额标准（即每人每天的用水量），选定污水排放系数（即污水排放量与用水量的比例），计算每人每天的排污量，然后按照各个服务区内的人口数进行计算。在计算过程中，人口数据通常可以通过两个途径获得，一是根据实际的人口密度分布图与服务区图层进行叠加计算得到；二是首先将建筑物图层与服务区图层进行叠加运算，然后设定各个服务区的人均居住面积、人均公建面积，最后计算出各个服务区的人口数据，这些参数可通过查阅当地的统计年鉴或规划手册获得。

在完成城市污水的每日排放总量分配后，还需对污水排放随时间变化的特征进行描述，即将污水排放量分配到各个时段，以实现对污水排放过程的动态模拟，从而全面分析不同时段污水管网的运行状况，该变化曲线可以通过对监测数据进行统计分析获得。对于周末的污水排放和不同月份的污水排放通常采用典型日的变化特征乘以相应的变化系数计算得到。

随着城市的发展，城市地区的土地利用和人口密度在不断发生变化，将导致城市用水量和污水排放量的变化，进而使得污水管网的运行负荷状况和排水规律发生变化。在数字化排水管理系统中，分析人员可以根据土地利用和人口密度等参数的变化动态进行污水管网各个节点污水量的预测及分配，利用排水管网模型模拟土地利用或人口密度改变后排水管网的运行状态变化特征，分析土地利用和人口密度等因素对管道充满度、污水处理厂规模和相关基础排水设施的影响，以便判断未来对污水管网进行升级改造的必要性和重点改造区域，辅助进行排水管网的有效管理和升级改造。

3. 降雨入渗条件的设定

降雨入渗（Rainfall Dependent Inflow and Infiltration，简称 RDII）指降雨过程中进入城市污水排除管道或雨污合流制管道内的雨水，包括入流和入渗两部分雨水。入流雨水包括直接通过雨落管、小区雨水支管、检查井盖的缝隙和排水泵等进入污水或合流制管道的雨水。入渗雨水主要是指由于管道破裂、连接处渗漏和检查井渗漏等原因而进入管道的雨水。

降雨入渗是城市污水管道和合流制管道雨季发生过载甚至溢流的主要原因之一。污水管道溢流会对周围环境产生严重影响，因此，控制城市雨季污水溢流，对于保护环境安全和公众健康至关重要。利用排水管网模型对城市污水收集系统进行模拟，能够分析污水管网系统的现状，确定管道的降雨入渗特征，进而明确管网中存在的潜在问题，辅助制定城市污水溢流控制规划和雨天应急处理预案，减少降雨入渗量，避免雨季污水管网溢流的发生，加强城市污水排放系统的完整性和可靠性。

在城市污水排除管网系统中，降雨转化为降雨入渗的过程非常复杂。除地表前期湿度条件外，还有其他各种因素影响降雨入渗的过程，包括地下水位、地表坡度、污水排除系统缺陷的程度和规模、排水管网系统的体制、土壤特性等。此外，由于降雨雨量空间分布的差异，不同区域的降雨入渗差别也很大。因此，需要采用合理的简化方法对降雨入渗进行模拟。

目前，降雨入渗估计方法可分为降雨量比例法、物理过程模拟法和单位过程线法三类。此处主要对目前排水管网模型中通常采用的一种单位过程线法进行介绍。在水文学中，单位过程线是指单位时间内流域上均匀分布的单位净雨量在流域出口断面处形成的地表径流量过程线。在排水管网中，单位过程线通常指管网出口的流量过程线。

排水管网模型中常采用的 RTK 法是一种合成单位过程线，其中，R 为降雨入渗量占总降雨量的比例，T 为降雨入渗量达到峰值的时间，K 为降雨入渗量衰减时间与达到峰值时间的比值。采用 RTK 法时，确定 R、T 和 K 三个参数是进行降雨入渗情境模拟的重要步骤。在降雨期间，管道中的水流主要由三部分组成，即生活污水的入流量、地下水的渗透量和降雨的入渗量，其中生活污水的入流量和地下水的渗透量为旱季污水管道的流量。通过监测降雨量及雨季和旱季时排水管网内的流量，并进行入流分析，可明确降雨入渗过程，进而绘制出合成单位过程线。

需要指出的是，降雨入渗的空间不确定性很大，不同区域的降雨入渗特征可能会有较大的差异，只有在对研究区域进行合理布置和监测的基础上，才可能获取有代表性的参数 R、T 和 K，从而较准确地模拟不同区域的降雨径流入渗特征。

4.径流控制措施的设定

城市降雨径流的控制主要包括两个方面：一方面是对径流量进行控制，包括防止城市洪涝灾害和雨水利用；另一方面是对城市降雨径流污染进行控制。基于此，对降雨径流控制进行模拟的主要目的是对控制工程进行评估优化，分析控制方案实施后的城市地表积水和径流污染状况的变化情况，从而为控制规划提供科学化的决策支持。

排水管网模型用于城市降雨径流控制主要有两个层次：①管理部门或规划单位用于评估降雨径流控制规划方案在整个区域内的实施效果；②工程部门用于设计和评估某项工程施工范围内的降雨径流控制措施。因此，用于降雨径流控制的排水管网模型应具有对具体的工程和非工程措施进行模拟分析的能力；应既可以对水量又可以对水质进行模拟；既可以用于大空间尺度的模拟，又可以用于小范围内的计算。

对径流控制措施进行模拟首先需要构建现状排水管网模型，然后结合对现状的模拟结果选择合理的径流控制措施。对排水管网模型而言，不同降雨径流控制措施的实施实质上是模型参数的变化。

选定控制措施后，首先需要确定这些参数可能引起哪些模型参数的变化，然后根据相关文献的报道与现场实验，分析控制措施对参数的影响程度。需要说明的是，国外在这方面虽然有大量的研究，但并不一定适合国内的情况，在选择参数时需要仔细分析，最好能进行相关的现场实验，在实践中逐步对经验数据进行总结，建立适合我国的降雨径流控制措施与模型相关参数的变化规律。在确定控制措施对参数的影响程度后，可根据设计暴雨或监测降雨的数据开展模型的模拟计算和评估分析。

(二) 排水管网模型在规划设计中的应用

排水管网模型作为城市排水系统分析评估的有效技术方法，既可应用于排水管网的规划设计阶段，又可应用于管网建成后的运行管理阶段。在应用模型开展规划设计工作时，先根据收集的基础地形、土地利用规划等相关数据绘制管网空间分布图，并通过水力计算初步确定检查井、管道等排水管网要素的设计参数，由此基于规划设计方案构建排水管网模型,并利用模型在不同气象条件、不同土地利用布局、不同人口分布等情境下开展模拟分析。通过分析各种规划情境下的检查井液位、管道充满度、管道流速等管网负荷状态的变化规律,可以检验规划设计方案是否合理,发现方案中存在的薄弱环节和不足,进而对规划设计方案进行进一步优化调整和再评估,最终通过比较多个方案的模拟分析结果,科学、高效地制定出最佳规划设计方案。

在应用模型开展排水管网运行管理工作时,首先,收集建模区域内详细地图、地形等信息,掌握检查井、管道、泵站等排水设施的空间和属性数据;其次,构建基于真实数据的排水管网模型,并利用实际监测与运行数据对模型结构及参数进行不断地调整和优化,使模型能真实客观地反映管网的排水规律;最后,利用模型对管网内的水量和水质状况进行动态模拟分析。通过对旱季或雨季、管道是否存在淤积和破裂、不同降雨类型作为边界条件等多种实际可能发生的情境进行模拟分析,可以实现管网运行状态评估、管网养护和应急管理、雨水管网溢流风险分析等管理层面的模型应用。

从上述关于模型应用方式和流程的介绍可以看出,将排水管网模型用于规划设计阶段和运行管理阶段时,模型应用的特点和侧重点有所不同。在规划设计阶段,为了确定最佳方案,需要不断调整排水管网的空间布局和检查井、管道的设计参数,因此需要生成多个模型,进行大量模拟分析,并对模拟结果进行多方面的综合比较。但在这一阶段,由于模型参数往往不能通过监测等手段进行获得,所以通常采用文献报道数据或历史分析数据。在运行管理阶段,排水管网模型可以在充分调研、勘察和监测后获得的准确数据的基础上建立,因此模型结构更精细,模型参数更符合当地实际情况,模型分析的重点是在多种设定情境下,管网内部各要素、各评价指标的定量化动态评估结果。

在同一区域内,排水管网的规划设计模型与运行管理模型是紧密关联、相互影响的。在规划设计方案实施后,排水管网的规划设计模型可以为后续运行管理模型的不断完善提供数据基础。在进行管网改造设计的过程中,利用运行管理模型可以快速、有效地拓展出多个改造规划设计方案模型,并基于当地实际情况进行方案的模拟与比选,从而指导管理者科学合理地进行管网缺陷的改造,比选确定的方案又可为后续的运行管理模型提供准确的管网更新信息。

(三)排水管网模型的集成开发与应用

在业务部门的实际应用中,应将模型与排水管理部门的业务系统进行紧密整合,通过友好的输入界面实现相关业务需要修改的模型参数,并按照业务需要自动进行模拟计算和结果统计分析,以此降低模型应用的复杂程度,提高模型的应用效率。

例如，通过为跨流域调度分析提供方案参数设置界面和方案模拟计算分析界面，用户可以随时修改调度方案的调出点、调入点、调度水量等相关信息，系统可根据方案设置信息自动生成调度方案的情境模型，并在模拟计算后通过对模拟结果进行统计处理，通过调出点与调入点下游管网充满度列表中的颜色变化显示调度方案是否满足调度目标。

与排水管理部门的相关业务进行集成是推进排水管网模型实际应用的有效途径，但是在实际工程中，往往并不具备理想的排水管网建模和应用条件，如管网数据不全面、不准确、缺乏足够的在线监测、缺乏研究区相关地形图数据等。因此，在实际工程中需要根据分析需求和现有数据，灵活地运用模型进行定量、半定量、甚至是定性的分析计算，并在应用过程中，不断积累相关数据，修正和优化模型参数，提高模型的实用性和实时性。

(四) 排水管网建模的难点与关键点

1. 排水管网建模的难点

排水管网模型建模与分析中重要的数据包括管网数据、模型参数和监测数据。其中，管网数据由城市管道和检查井等排水构筑物的尺寸、高程等数据组成，决定了模型模拟区域排水管网的结构特征；模型参数决定了模型中雨污水的产汇流与传输特征；监测数据则是用来调整模型参数与验证模型准确性的重要依据。目前，我国只有部分大城市系统开展了排水管网的普查工作。管网基础数据的缺乏不仅影响了排水管网资产信息的有效管理，而且使排水管网建模面临着数据缺失的困境。

基于排水管网建模软件，可以设计灵活的建模和应用模式。针对我国排水管网数字化建设的现状，根据不同城市的管网数据情况，可以采取不同的建模策略。对于数据比较完备的城市，可以对整个城市区域的排水管网进行数字化处理，构建整个城市区域的管网模型；对于只具有部分数据或尚未进行管网普查的城市，应充分利用现有档案数据，采取分期、分区逐步实施的策略，先在重点区域进行示范性建模，再逐步推广到其他区域；对于难以准确获取模型参数或监测能力不足而无法对模型进行验证的区域，可以分期进行排水管网的数字化建设，首先构建完备的管网及相关资产信息数据库，实现管网结构分析和资产管理等功能，然后构建排水管网模型，利用没有通过验证的模型进行结构性分析与趋势性预测分析，最后待相关数据完全获取后再进行模型的定量预测分析。

由于现阶段我国大部分城市和地区尚处在管网数字化建设的起步阶段，在建设初期，就应当采用标准的数据处理与建模工具，对该区域的排水管网相关数据进行长期的完善与维护，这有助于后期数据的持续更新和数字化管理软硬件系统的部署，从而减少排水管网数字化管理进程中由于重复建设所造成的浪费。

2. 排水管网建模的关键点

排水管网模型边界条件的不确定性增加了排水管网模拟预测的不确定性，在将排水管网模型用于实际决策的过程中，必须重视这些不确定性因素的影响，但同时也不能将这些问题夸大，只要综合利用先进的软硬件设备，熟练掌握模型的基本原理与应用技巧，排水管网模型在实际应用中必然会产生良好的社会效益、环境效益和经济效益。

在排水管网模型的实际应用过程中，需要注意"软件与硬件的结合，定性与定量的结合，技术与艺术的结合"。这三个结合也是信息化时代面对复杂问题做出科学决策的重要原则。软件与硬件的结合是指具有管网资产管理、结构分析、模拟计算的决策支持软件与管网在线监测仪器、网络传输设备、服务器和大屏幕等硬件支撑平台的结合。在管网模型应用的过程中，应当定期对管网数据进行更新，利用在线监测数据对模型参数进行不断的校正，使模型具有良好的现势性，从而提高模型的实用价值和可信性。定性与定量的结合是指根据预测的需要进行定性、定量或定性定量相结合的预测。

在管网模型应用的过程中，对于需要较高精度的业务需求应提高管网数据的更新频率，加强现场监测的数量与时间频率，及时对模型参数进行修正，提高模型定量预测的可靠性；对于前景不明的业务需求，则不需要耗费大量的人力物力进行数据更新或实地监测，可参考已有资料，利用模型进行定性的预测分析。技术与艺术的结合是指在模型应用过程中不仅要利用先进的计算机技术不断提高管网数字化管理系统的软件功能，而且要注重模型模拟结果的展现形式，用大家容易接受、容易理解的可视化、动态的排水管网电子地图来生动展现模拟分析结果，降低模型的使用与理解难度，逐步提升模型对实际管理业务的数据支持功能，充分发挥排水管网模型的预测和分析能力。

第三节　城市排水管网的数字化建设

一、排水管网管理的数字化需求

为解决我国排水管网管理中存在的问题，提高应对突发事件和应急抢险的反应速度和处理能力，保障城市排水设施的安全稳定运行和水环境的安全，构建排水管网的数字化管理模式具有十分重要的意义，也是目前国内外排水管网系统管理的研究和应用热点。排水管网的数字化管理模式综合了 GIS 和专业模型的优势，利用 GIS 提供数据管理和空间分析能力，利用排水管网模型提供专业计算和分析功能，为排水管网运营控制提供科学的参考意见；该模式还可以集成管网的在线监测数据，并进行动态分析和模拟，为排水管网的规划管理、运行养护提供动态可靠的专业分析平台。由于各个城市的排水管网现状和管理部门的体制与职责不同，不同城市对于排水管网的数字化建设也具有不同的需求。但是从排水管网的建设、运行、管理的实际技术需求出发，数字化排水管网管理系统应该至少考虑以下业务需求：

(一) 构建统一的资产管理模式

目前，我国大部分城市排水管网设施基础资料 (如地理空间资料、规划资料、设计图纸、验收文档等) 的管理混乱，从而造成各个城市排水管网的资产现状不清。而且由于缺乏统一的数据标准及规范，影响了排水管网信息的共享使用。这些问题导致了现有排水管网的信息化不够系统，各种格式的数据并存，排水管网的变化信息不能及时更新并统一存储。因此，在数字化排水管网管理系统的建设过程中，首先需要建立信息格式统一、满足当地各种业务需要的综合数据库，然后结合排水管网的实际变更进行长期的信息维护和更新。通过对现有排水管网的空间数据、资产数据、历史变化数据等进行高效的存储和管理，既可以满足排水管网资产管理的需求，又能为排水管网的数字化管理提供良好的数据基础，为排水管网数字化管理系统功能的设计和开发提供必要的数据条件。

(二) 实现排水管网的一体化管理

对排水管网设施的规划、设计、建设及工程验收过程进行管理，是城市排水管理部门的重要业务内容之一，通常包括根据城市排水总体规划参与排水专业规划的编制，对排水设施建设项目的立项、设计、施工方案等提出专业意见，负责审查市政道路、小区内部排水管线的初设、施工图纸，参加排水管线及相关工程的竣工验收，处理排水许可、户线接入等业务工作。目前，在处理上述各种业务需求时，通常是以经验判断和简单推理计算的方式进行的，缺乏先进的技术辅助工具对不同阶段的管网建设项目进行有效的管理与科学评估，无法分析在建项目的调整对原有排水管网系统的影响，影响了评估工作的科学性与可信度。只有利用统一的数据管理模式和先进的模型模拟技术，对排水管网设施的规划、设计、建设及工程验收过程进行一体化的数据管理和评估分析，才能全面、及时、准确地发现排水设施建设方案中存在的问题，并进行评估优化和跟踪分析，最终提高新建或改造项目的实施效益，减少新建或改造项目对已有系统的负面影响。

(三) 提高管网养护方案的水平

对排水管网设施的运营维护是排水管网管理部门的日常工作,包括对设施的检查、维护、清淤、排障等内容。目前,我国排水管网管理养护选择方式不专业,主观随意性较大,养护效果难以评估,造成养护工作效率偏低。由于筛选方法的局限性和主观性,不能及时发现排水管网系统中按照运行负荷情况需要进行养护的管段,使得这些管段得不到及时的维护和更新,将会不同程度地出现渗漏、腐蚀、积泥堵塞甚至塌陷等问题,严重影响了排水管网的正常排水能力。随着排水管网建设规模的逐步扩大,排水管网养护工作的任务和压力越来越大,如何利用有限的人力物力对庞大的排水管网进行科学养护已成为困扰很多排水管网运营部门的一大难题。为了能够最大限度地发挥排水管网的输送能力,延长管道的使用寿命,提高排水管网的养护效率,需要利用数字化的管理手段建立以排水管网的周期性调查、评估、维护和清淤为主的科学养护体系,制定科学合理的管网养护计划,从而保证排水管网的正常运行。

(四) 建设排水管网在线监测系统

随着监测硬件技术和网络传输技术的发展,建设排水管网在线监测系统,对排水管网的运行状态进行动态监测的实现可能性越来越大。排水管网的在线监测主要包括三个方面:对城市排水管网系统的水位、流量和淤积深度等进行监测与预警,对城市排水管网内的有毒有害气体进行监测与预警,对城市排水管网的水质情况进行监测。如果在监测系统的设计和建设过程中,仅关注于单点信息的传输处理与分析,那么就需要布设大量的在线监测设备才能实现对管网状态的有效监控。在这种监控模式下,由于不能有效的利用监测点所在区域管道的上、下游关系进行预警或追踪分析,将会明显降低在线数据的使用效益。

构建综合的排水管网在线监测系统,对排水管网的网络结构进行分析识别,将有限的在线监测设备安装在管网中的关键节点,利用在线监测数据动态调整与优化模型参数,使模型能比较真实地反映排水管网的客观排水规律,利用模拟分析手段对排水管网的整体运行状况进行分析与诊断,可以大大提高在线监测设备的使用效率,降低在线监测系统的整体硬件投入,并能及时发现管网运行中的突发问题,快速进行事故溯源、追踪与预警,辅助管网管理部门做到防患于未然,提升对排水管网事故的预警和处理能力。

(五) 实现流域级别的管理模式

由于缺乏排水管网动态模拟及管网结构分析手段，排水管网的水力分析、调度分析、布局优化分析缺乏科学依据，对泵站调控、流域调水、受纳水体评估以及排水管网与污水处理厂的联合调度和控制均无法实现，也不能实现排水系统的优化运行和蓄存能力的合理利用。利用具有排水管网动态模拟和结构分析功能的数字化排水管网管理系统，对不同的排水流域之间或流域内的管网连通与调度方案进行模拟评估，分析不同方案实施后排水系统（包括排水管网和污水处理厂）的运行状况和负荷变化，确定相应的优化调度方案，可以显著提高排水系统运行的稳定性、可靠性和安全性，提高城市排水系统的运行效率，降低排水系统的运行能耗与成本，实现流域级的排水管网调度管理。

上述内容仅为排水管网管理过程中的典型数字化需求，实际上排水管网管理中的很多业务分析方法都是相互影响、相辅相成的，只有构建综合的排水管网数字化管理平台，将在线监测数据、排水管网模型与相关业务系统进行有机的结合，构建统一的综合数据库、完整的软件体系、适用的硬件支撑体系、长效的系统维护和应用机制，才能探索出符合当地实际情况的"数字排水解决方案"，全面提升排水管网设施的建设和运营管理水平。

二、排水管网数字化建设的内容

(一) 综合数据库建设

对各类排水设施的基础空间数据、属性数据与运行管理数据进行统一的存储和管理，需要建立统一的数据库管理系统。排水管网综合数据库是整个数字化系统的重要支撑，是各种类型数据存储、管理和共享的基础。

由于排水管网系统是一个数据量大、拓扑关系复杂的网络系统，而且排水管道通常埋藏于地下，处于不断的更新、改造和扩展中，数据普查和动态管理难度大。因此，排水管网综合数据库的设计应遵循七个原则：结构可扩充性、拓扑可维护性、数据完整性、空间与属性可关联性、空间数据多源性、数据编辑并发性和数据安全性。

(二) 业务软件系统开发

排水管网数字化管理软件系统涉及数据库技术、GIS 技术、中间件技术、Web 技术、视频技术、排水管网模型技术以及系统集成技术等内容，是一个分布式的复杂软件系统。从软件功能上讲，主要包含排水设施综合管理、在线运行监控与预警、排水系统规划与辅助决策、排水管网巡查养护、防汛抢险及应急指挥调度、综合信息发布等排水管网相关业务功能。从实现的难易程度上分，排水管网数字化管理软件系统应依次满足以下四个层次的应用：

1. 基础数据管理

基础数据的管理主要是实现对排水管网系统资产数据和基础地形数据的统一管理和维护，包括图形显示、图层管理、符号库管理、数据维护和打印等功能；并实现图纸档案资料的统一管理，包括原始资料（设计图、竣工图和施工图等）、设备资料、施工维修记录资料、管道清疏资料、影音资料（各类图片、影像资料、声音文件等）、历史档案资料及局部污水截排工程资料等。对基础数据的管理是排水管网系统数字化软件的基础功能，也是较低的应用层次，目前，很多城市的排水管网信息化管理系统都可实现这一层次的需求。

2. 综合业务管理

排水管理部门业务复杂，实现对排水设施的规划、设计、建设及维护过程的一体化管理有助于提高排水管理部门的工作效率。综合的排水业务管理系统应能够对排水设施的空间对象及其空间属性、拓扑关系、状态参数、连通关系等进行查询、新增、修改、删除等操作；对排水管网数据的历史变化过程进行管理，避免数据库中相关数据的一致性出现问题；并对排水设施的服务范围进行查询等。综合业务管理是排水数字化建设较高的层次，通过建立一套完整的符合当地业务特征的信息流管理系统，提高数据的使用效率，保持数据的一致性，但是，这一层次没有实现对管网运行状态的模拟分析，因此，专业化分析能力还有所欠缺。

3. 模型模拟和在线监控

在第二个层次建立的系统基础上，结合管道流量、检查井液位等在线监测数据，利用排水管网模型对管道内的水流状况进行仿真模拟，以全面掌握排水管网的运行状态，从而实现排水管网的管道负荷分析、积水与溢流分析、应急预案制定与模拟等专业分析功能。通过模型模拟技术与排水信息系统的综合运用极大地提高排水管理部门的科学化水平。这一阶段的排水数字化建设在集成模型的同时还应加强对排水管网在线监控硬件系统的实施，通过在线监测手段弥补城市排水过程中的不确定性和随机性造成的模型误差，及时修正模型中的相关参数，使得模型分析结果更加真实准确。

4. 硬件支撑平台搭建

硬件支撑平台是整个排水管网系统数字化综合平台运行的基础，其搭建的目的是实现排水管理业务活动的电子化、信息化，及时、完整、有效地实现排水管网数字化管理软件系统中的瞬间管理、查询统计和业务分析功能。由于近年来我国城市发展速度快，城市排水管网处于大规模快速扩展和改造状态，因此，城市排水管网数字化建设中的硬件支撑平台应是可持续升级和扩展的平台，以便满足排水管理部门现在和将来的业务需要，避免重复建设导致硬件资源浪费。一般而言，排水管网数字化建设中的硬件支撑平台在功能上可分为管网在线监测平台、信息网络平台、数据存储平台和监控中心的大屏幕展示平台，涉及监测、通信、网络、安全、服务器等多方面的内容。

第四章　城市污水处理及其技术发展

我国城市发展中积极做好污水处理工作，能够为城市水资源合理利用提供保障，水环境保护工作的重要措施就是落实城市污水处理。基于此，本章探讨城市污水及其处理方法、城市污水处理的水质检测、城市污水处理系统的仪表与传感器、城市污水处理与中水系统规划、城市污水处理工程调试与运行管理、城市污水处理技术的发展趋势。

第一节　城市污水及其处理方法

一、城市污水的来源与类型

(一) 城市污水的来源

城市污水是通过下水管道收集到的所有排水，是排入下水管道系统的各种生活污水、工业废水和城市降雨径流的混合水。生活污水是人们日常生活中排出的水。它是从住户、公共设施 (饭店、宾馆、影剧院、体育场馆、机关、学校和商店等) 和工厂的厨房、卫生间、浴室和洗衣房等生活设施中排放的水。这类污水的水质特点是含有较高的有机物，如淀粉、蛋白质、油脂等，以及氮、磷等无机物，此外，还含有病原微生物和较多的悬浮物。相比较于工业废水，生活污水的水质一般比较稳定，浓度较低。

工业废水是生产过程中排出的废水，包括生产工艺废水、循环冷却水、冲洗废水以及综合废水。由于各种工业生产的工艺、原材料、使用设备的用水条件等的不同，工业废水的性质千差万别。相比较于生活废水，工业废水水质水量差异大，具有浓度高、毒性大等特征，不易通过一种通用技术或工艺来治理，往往要求其在排出前在厂内处理到一定程度。

降雨径流是由降水或冰雪融化形成的。对于分别敷设污水管道和雨水管道的城市，降雨径流汇入雨水管道，对于采用雨水、污水合流排水管道的城市，可以使降雨径流与城市污水一同加以处理，但雨水量较大时由于超过截留干管的输送能力或污水处理厂的处理能力，大量的雨水污水混合液会出现溢流，将对水体造成更严重的污染。

(二) 城市污水的类型

城市污水按来源可分为生活污水、工业废水和径流污水，其中工业废水又分为生产废水和生产污水。

（1）生活污水。生活污水主要来自家庭、机关、商业和城市公用设施。其中主要是粪便和洗涤污水，集中排入城市下水道管网系统，输送至污水处理厂进行处理后排放。其水量、水质明显具有昼夜周期性和季节周期变化的特点。

（2）工业废水。工业废水在不同城市污水中的比重，因城市工业生产规模和水平而不同，可从百分之几到百分之几十。其中往往含有腐蚀性、有毒、有害、难以生物降解的污染物。因此，工业废水必须进行处理，达到一定标准后方能排入生活污水系统。生活污水和工业废水的水量以及两者的比例决定着城市污水处理的方法、技术和处理程度。

（3）城市径流污水。城市径流污水是雨雪淋洗城市大气污染物和冲洗建筑物、地面、废渣、垃圾而形成的。这种污水具有季节变化和成分复杂的特点，在降雨初期所含污染物甚至会高出生活污水多倍。

二、城市污水的处理方法

(一) 物理处理法

（1）重力分离法。重力分离法指利用污水中泥沙、悬浮固体和油类等在重力作用下与水分离的特性，经过自然沉降，将污水中密度较大的悬浮物除去。

（2）离心分离法。离心分离法是在机械高速旋转的离心作用下，把不同质量的悬浮物或乳化油通过不同出口分别引流出来，进行回收。

（3）过滤法。过滤法是用石英砂、筛网、尼龙布、隔栅等作过滤介质，对悬浮物进行截留[①]。蒸发结晶法是加热使污水中的水汽化，固体物得到浓缩结晶。

（4）磁力分离法。磁力分离法是利用磁场力的作用，快速除去废水中难于分离的细小悬浮物和胶体，如油、重金属离子、藻类、细菌、病毒等污染物质。

---

① 肖羽棠.城市污水处理技术 [M].北京：中国建材工业出版社，2015：1-7.

(二) 化学处理法

化学处理法就是通过化学反应和传质作用来分离、去除废水中呈溶解、胶体状态的污染物或将其转化为无害物质的废水处理法。通常采用方法有：中和、混凝、氧化还原、萃取、汽提、吹脱、吸附、离子交换以及电渗透等方法。

1. 电渗析法

电渗析法是对溶解态污染物的化学分离技术，属于膜分离法技术，是指在直流电场作用下，使溶液中的离子作定向迁移，并将其截留置换的方法。离子交换膜起到离子选择透过和截阻作用，从而使离子分离和浓缩，起到净化水的作用。电渗析法处理废水的特点是不需要消耗化学药品，设备简单，操作方便。

在废水处理中，电渗析法应用较普遍的类型有：①处理碱法造纸废液，从浓液中回收碱，从淡液中回收木质素；②从含金属离子的废水中分离和浓缩重金属离子，对浓缩液进一步处理或回收利用；③从放射性废水中分离放射性元素；④从硝酸废液中制取硫酸和氢氧化钠；⑤从酸洗废液中制取硫酸及沉降重金属离子；⑥处理电镀废水和废液等。

2. 超滤法

超滤法属于膜分离法技术，是指利用静压差，使原料液中溶剂和溶质粒子从高压的料液侧透过超滤膜到低压侧，并阻截大分子溶质粒子的技术。在废水处理中，超滤技术可以用来去除废水中的淀粉、蛋白质树胶、油漆等有机物和黏土、微生物，还可用于污泥脱水等。在汽车、家具制造业中，用电泳法将涂料沉淀到金属表面后，要用水将制品涂料的多余部分冲洗掉，针对这种清洗废水的超滤设备大部分为醋酸纤维管状膜超滤器。超滤技术将含油废水处理后的浓缩液中含油 5% ~ 10%，可直接用于金属切割，过滤水可重新用作延压清洗水。超滤技术还可用于纸浆和造纸废水、洗毛废水、还原染料废水、聚乙烯退浆废水、食品工业废水以及高层建筑生活污水的处理。

第二节　城市污水处理的水质检测

一、水质检测的作用与要求

(一) 水质检测的作用

水质检测分析工作是污水处理厂运行管理工作中的一项重要工作内容，对污水处理厂的运行管理具有非常重要作用。

（1）水质检测分析为污水处理系统正常运行提供科学依据。准确的水质检测结果可以反映出污水处理厂中各处理工艺段的控制指标，有助于指导技术人员选择运行最佳工况点，使污水处理运行能经济、稳定地进行。

（2）水质检测分析有利于控制出水质量，保证达标排放。污水厂运行日常管理，最重要的工作就是要保证出水在任何时候都能达到国家规定的排放标准。要求污水厂化验室能准确提供各项指标的检测结果，发现出水一项或数项指标达到临界状态或超标要及时反馈，便于厂内技术人员及时寻找原因，调整工艺。

（3）水质检测分析可以及时掌握水厂进水水质。通过及时准确水质监测结果，能够及时掌握污水厂各类入网单位的水质情况，防止工业废水超标后对厂内处理工艺的冲击。

除此之外，污水厂日常运行积累的各项指标的检测数据也是本地区进行污水处理规划的重要依据。

(二) 水质检测的要求

（1）准确、可靠、及时、全面提供检测数据。提供准确检测数据是污水厂化验室的中心工作。不正确的检测数据可能会误导技术人员，影响处理系统的运行管理，甚至造成严重的后果。检测数据的正确性是由多个主、客观因素决定的，如检测人员的责任心、技术水平及实验室管理水平等。

检测数据的可靠性是和准确性密切相关的。作为检测人员不仅要掌握水质检测化验知识和技能，不断积累经验，而且要掌握污水处理知识，了解各检测指标在污水处理过程中的实质意义，能用掌握的各类指标的相关性、匹配性判断检测结果，保证最新检验数据的可靠性[①]。

化验室及时提供运行所需的各类检测数据是保证污水处理厂正常运行的重要条件之一。当运行的某些环节出现问题，水质恶化时，化验数据的及时性就显得更为重要。化验人员应建立合理的检测工作程序，快速准确地报出数据。同时应尽量选择合理的水样预处理方法和检测方法，提高检测速度。

（2）为在线仪表的校正提供准确数据。现代污水处理厂大都配备了各类在线仪表，如 pH 计、MLSS 测定仪、溶解氧仪、COD 在线测定仪、氮和磷测定仪等。其中部分仪器在调试及定期校正时是以化学方法测定值为参考的，因此，为仪表校正提供准确数据对污水厂的正常运行具有重要意义。

---

① 李亚峰，晋文学，陈立杰. 城市污水处理厂运行管理 [M]. 北京：化学工业出版社，2016：228-236.

二、常用水质分析的化学法

(一)重量分析法

重量分析法就是根据反应产物的质量来确定待测组分的含量。重量分析法准确度高,不需要标准试剂或基准物质,直接用分析天平就可以求得结果。

常用的重量分析法有两类:沉淀重量法;气化法。重量分析法的精度高,但只适用于含量比较高的组分,并且分析操作需要时间长,试样次数多时不适用。

(二)容量分析法

容量分析法是将一种已知准确浓度的试剂溶液加到被测物质的溶液中,直到所加的试剂与被测物质的毫克量数相等时,根据试剂溶液的浓度和用量,计算出被测物质的含量。容量分析法可分为中和滴定法、配位滴定法、沉淀滴定法、氧化还原滴定法和非水溶液滴定法。

(1)中和滴定法。中和滴定法是酸中的 H^+ 和碱中的 OH^- 互相结合成水的方法。

(2)配位滴定法。配位滴定法是利用形成配合物反应的方法。

(3)沉淀滴定法。沉淀滴定法是被测定的元素或离子与所加的试剂生成难溶化合物的方法。

(4)氧化还原滴定法。氧化还原滴定法有高锰酸盐法、重铬酸钾法、碘定量法。

(5)非水溶液滴定法。非水溶液滴定法可以解决不溶于水的有机物及由于滴定产物的水解不能显示出敏锐终点的分析方法。

第三节 城市污水处理系统的仪表与传感器

一、城市污水处理系统仪表设备设计要点

测量仪表在现今高度自动化的污水处理过程中起着重要的作用。可以说仪表是自控系统的"眼睛",涉及污水处理的各个环节,与生产过程有着紧密的联系。仪表应用的合理与否,同自动化控制结合的好坏是评价一个污水处理厂技术先进程度的标志。只有保证仪表的稳定、可靠和精确,才能使污水处理过程正常运行。因此,生产工艺人员除对工艺和设备掌握外,还要了解相关的仪表及自动控制方面的知识,才能在岗位上充分发挥作用。

目前，污水处理可采用的单元工艺多达几十种，每一种污水处理系统正是由若干个单元工艺组合而成的。污水中污染物质的成分与性质是决定其处理工艺的最主要因素，因而不同的污水所采用的工艺流程是多种多样的。目前，大部分城市污水都采用或部分采用活性污泥法处理，其运行管理与过程控制正朝着精密化与自动化的方向发展。同时污水厂的运行与过程控制需要大量的控制器或执行器。因此，下面重点探讨城市污水活性污泥法处理厂的检测仪表与传感器。[①]

随着科学技术的飞速发展，检测仪表与控制设备在污水处理厂的运行管理中发挥着越来越大的作用。为了有效利用仪表设备，除应当结合处理厂的规模、处理方法外，还应当根据选址条件、污水流入条件和操作人员的技术水平等因素来设计和安装仪表设备。此外，还应当考虑设施的运行管理方法、设施的特性、将来的扩建计划、运行费用等因素。近年来，污水处理厂的自动控制技术发展很快，开始是在某些个别设施中检测、监视与简单控制；后来采用将监视控制用的仪表集中在控制室进行集中监视控制的方式；进而采用集中监视、分散控制方式的自动化控制；最近，又有朝自适应控制、最优控制或过程控制的方向发展的趋势。

仪表设备具有多方面的良好功能，可以说，检测设备相当于人的"眼睛"，控制设备相当于人的"脑"和"手"，它们都对设施的运行管理具有至关重要的作用。因此，安装仪表设备的目的是通过监测与控制的准确性，来提高处理系统的稳定性、可靠性与处理效率，节省人力与改善操作环境，进而达到在保证处理水质量的前提下，尽可能节省运行费用。

在安装仪表设备时，除充分掌握处理工艺过程及其规模、操作内容、各处理设施的特点及相互关系外，还要对它们之间的协调工作进行必要的探讨，以期达到各检测设备与控制设备之间的协调工作，实现整体的处理系统的稳定与可靠运行。因此，仪表设备的设计应注意以下方面：

第一，技术经济分析。在污水处理厂中可以安装各种各样的仪表设备，大量地安装仪表固然可以提高操作的准确性，减少故障的发生，提高处理效率，但是，过多的仪表设备不仅增加了建设费用，而且也使维护管理费用增高。应当根据处理设施的各种具体情况，可以实现的自动控制水平与安装仪表设备的目的，通过技术经济分析之后，再进行设计与安装仪表设备的工作。

第二，仪表设备的可靠性与稳定性。在选择仪表设备时，必须考虑到处理设施的多种特殊条件，如被动性的入流条件、各种干扰因素、污水及污泥的性状与腐蚀性等。所以，在设计时应注意选择适合这些条件的仪表设备及其安装方式，尽可能

---

① 马勇，彭永臻.城市污水处理系统运行及过程控制 [M].北京：科学出版社，2017：76-144.

提高仪表设备运行的可靠性。由于污水处理厂的进水水质水量通常随时间剧烈地变化，采用高精度的仪表往往影响其稳定性，但是对某些测定项目又必须考虑其较高的精度。因此，应根据仪表设备的使用目的、现场条件、要求的精度与响应时间以及控制回路选择的方法，来选择稳定性好的仪表设备。

第三，仪表的功能与工作性能。在设计仪表设备时，充分利用其具有的功能，使之能代替与扩大人的功能，能在有危险的恶劣环境条件下，进行连续、大量、迅速、适当与准确的工作。根据技术水平、安全管理与维护管理体制等因素，全面考虑仪表设备的功能与工作性质的协调性。应充分注意到，过分的仪表化不仅会给操作人员带来不必要的心理上和技术上的负担，而且还会降低效益。

第四，注意处理系统的分阶段施工或变更的情况。在设计和安装仪表设备时，必须充分注意到随着处理系统的分阶段施工带来功能的阶段性增强，以及处理设施与设备的变更，仪表设备也要更换。应按照在这些情况下不会发生障碍来设计或安装仪表设备。

第五，充分考虑处理系统自动控制的发展。同其他工业过程一样，污水处理系统的自动控制也必然不断朝着先进方式与更高层次的方向发展。在我国，对于在尚不具备自动控制或较高层次自动控制的条件或者资金暂时短缺等情况下，也应当为以后实现自动控制考虑，妥善地进行仪表设备设计，为以后安装仪表设备留有充分的余地。即使在进行处理设施的工艺设计时，也应充分考虑上述问题。

仪表设备的设计、选择与安装，也是一项系统工程，它与处理系统的工艺流程与规模、污水水质水量特点、管理体制与操作人员的技术素质、排放标准与费用效益等多方面因素有关。在设计之前应当进行技术经济方面的可行性研究，认真听取专家的意见。

二、城市污水处理系统仪表的检测与选择

(一) 仪表的检测项目

为了使检测数据能准确地反映处理设施的运行状态，将检测信息传递给控制设备，提高操作的准确性，应根据处理设施的处理方法、特性和规模，以及过程控制系统的水平等情况，来决定检测设备的安装场所。活性污泥法污水处理厂中需要安装检测设备的各处理设施及其检测项目如下：

沉砂池：进水渠的水位、闸门的开启度、落栅前后的水位差、沉砂池斗的储砂量。

雨水泵房、污水泵房：水泵集水井水位、泵的流量、出水后的水位、出水管闸

阀的开启度、泵的出水压力、泵的转速、水泵与电机的轴承温度、各机械与电机部分的温度、冷却水量。

污水调节池：进水流量、出水流量、水位、闸门开启度。

预曝气池：空气量、污泥调节阀的开启度。

初次沉淀池：进水流量、排泥量污泥浓度、污泥界面。

曝气池：进水流量、回流污泥量、供气量、污泥调节阀开启度、活动堰的开启度。

鼓风机房：进气阀开启度、空气量、空气出口压力、鼓风机与电机轴承温度、鼓风机转速。

二次沉淀池：处理水量、剩余污泥量、污泥井的液位、泵的转速、污泥调节阀开启度。

消毒设备：氯瓶重量、氯瓶室的温度、氯的泄漏浓度、氯或次氯酸钠投加量、稀释水的用量、次氯酸钠的液位或生成量。

排放管渠：排放水量、排放口的水位。

污泥输送：送泥量、污泥储存池的液位。

污泥浓缩池：进泥量、池中液位、排泥量、加压水量、加压罐的压力。

污泥消化池：污泥投配量、池中液位、排放污泥量、排除上清液量、产生消化气量、消化气体压力、搅拌用气量、阀开启度。

储气柜：储存气体量、气体压力（球形）。

锅炉设备：给水量、重油量、燃料气体量、剩余气体量、加热蒸气的压力、加温锅炉中的水位、锅炉内气压。

消化污泥储存池：液位。

污泥脱水设备：供给污泥量、溶解（稀释）池的液位、储药池液位、药品投加量、凝聚混合池液位、真空过渡机液位、油压、水压、空气压、脱水泥饼量。

变配电设备等：电压、电流、电功率、电量、功率因数、频率、变压器温度。

发电设备：电压、电流、电功率、电量、功率因数、频率、燃料储存量、发电机、电机各部分温度、冷却水量。

其他：降雨量、风向、风速、气压、气温。

所谓检测设备的检测性能良好是指被检测的项目或要素的计量容易实现、精度高和稳定性好；而管理性能好是指对于管理对象确实能按照要求与目的，进行科学与技术的管理，而且易于实现。为了提高检测性能与管理性能，除对检测方法和检测设备的质量与可靠性进行必要的了解外，在选择检测场所时，还要考虑湿度、腐蚀气体、可燃性气体、振动等周围环境、传送距离、产生误差的可能性等影响因素，以此来确定合适的场所。此外，还应注意不同检测设备对环境条件与场所的特殊要求，以及检测设备与控制设备的接口对检测场所的要求等。总之，检测场所的选择是一个涉及处理系统自动控制成败的重要问题。

(二) 检测仪表的选择

检测仪表在污水处理厂的运行管理中起着重要作用，对其自动控制而言更是必不可少。关于污水与污泥量的检测仪表，如温度计、压力表、流量计、液位计等，大多数都有较高的可靠性与精度，但是，在污水与污泥的质量的检测仪表中，还有相当多的仪表可靠性较差或很差，有的则价格昂贵，有些仪表还要依赖于进口。因此，在设计与安装检测仪表时，应当选用仪表的规格、说明书与操作方法明确、易于维护管理的产品。除此之外，还要根据以下各项内容与要求来选择：

第一，检测的目的。随着仪器仪表工业的不断发展，其产品也日趋多样化。即使是同类产品，也因其各自的原理、结构、测定范围、信号、特性、形式、形状大小等而有多种类型或型号，并且各具优缺点与特色，因此，应当，根据其检测目的进行选择。

第二，检测的环境条件。在污水与污泥处理系统中，检测对象往往处于温度变化、潮湿、腐蚀性气体、强烈振动与噪声等环境条件恶劣的场所，即使在通常情况下工作正常的仪表设备，在这样的条件下也可能得到不同的效果。因此应当注意使用可靠又耐久的仪表，更应当结合检测对象所处的环境条件，选择与之相适应的仪表设备。

第三，检测精度、重现性与响应性。为了满足运行管理或自动控制的需要，选择仪表设备时首先应当考虑其检测精度、重现性与响应性是否满足要求。但也并不是选择上述性能越好的仪表才越好。

近年来，国产的计量表的检测精度与响应性能也在不断提高，多数能满足要求。对于检测对象变化很缓慢或均匀性较差的情况，不必选用响应性很高的仪表；当检测对象仅作为大致标准或只要求知道其大致的变化范围时，可选用精度很高的仪表。从这点意义上来说，检测目的、效果与经济性是选择仪表设备的重要因素。

第四，维护管理性。毫无疑问，从维护管理方面来看，希望仪表型号尽可能统一，具有互换性，维护、检修与调试校正都相对容易。此外，追求较低的运行费与维护费也是必要的。

第五，检测对象的特殊性。还应注意检测对象的某些特殊情况，如悬浮物造成的堵塞、附着物附着在传感器上、其他混入物造成的磨耗与破损等，都会造成计量仪表不能正常工作或产生较大误差，因此，在选用仪表设备时也应考虑检测对象的某些特殊性。

第六，各种信号的特征。信号是传递检测与控制信息的手段。信号可根据其构造原理与安装方式分为电气式、油压式或气压式等几种类型。在电气式中，又可分为交流和直流的电压、电流与脉冲信号等。应尽可能选用信号水平高、不受外部噪声影响的仪表。在考虑运行效果、管理与经济性的同时，也要对远期的计划进行充分研究，使它们尽可能统一起来。

对于电气式信号的仪表，为了使在检测端测出的变量能以模拟量或数字量表示或者作为控制信号，无论其大小，各制造厂家都规定了一定范围的直流和交流的电压与电流的过程信号，并且可转换成调节器的输出信号。作为积分、记忆、远方检测与控制用的信号，可转换成脉冲信号。但是，当与信号接收端距离较远时，电压信号存在着电压降低的问题，这时采用电流信号更好。一般来说，由于交流电信号会产生电磁感应，故应当使用屏蔽线，同时应尽可能缩短传送距离。为了避免这一问题，也可使检测信号一度转变成其他信号，然后再转换成电流或电压信号。

第七，检测范围。在污水处理厂的运行初期阶段，污水流量与有机负荷都很低，之后才逐渐增高。这时若按最终设计量确定检测范围，则可能发生仪表设备不动或误差大等问题，对此应予以充分注意。在处理系统的负荷变化幅度大时，可分为两个阶段，使之在低负荷下运行也不降低检测精度。

三、城市污水处理系统仪表的常见类型

(一) 液位仪表

液位测量是水处理过程中最基本的测量内容，通过液位的测量可以知道容器里的原料、成品或半成品的数量，以便调节容器中流入流出物料的平衡，保证生产过程中各环节所需的物料或进行经济核算。另外，通过液位的测量，可以了解生产是否正常进行，以便及时监视或控制容器液位，保证安全生产以及产品的质量和数量。目前，液位测量仪表的种类很多，有电容式、超声波式、微波式、压力变送式和差压式等。以下重点探讨超声波液位计和激光式液位计。

1. 超声波液位计

超声波液位计是非接触式连续性测量仪表。传感器内的发送器经电子激励，发出一个超声波脉冲信号，该信号以一定速率到达液体表面，由液体表面反射返回，发出回声，此回声再由同一传感器接收，回声返回的时间反映了液面的高度，这个回声信号由传感器传送给变送器，经变送器转换成一个 $4 \sim 20mA$ 的电信号输出。一般的传感器的测量角 α 为 $6° \sim 8°$ 。根据测量要求的不同还分为适用于液体、粉

尘和块状固体等情况的超声波测量仪。介质特性如比重、电导率、黏度和介电常数等不会影响测量的结果。

传感器测量系统的最大测量范围根据仪器的技术数据而定，由于传感器的减幅振荡的特性，从其下方一定距离内反射的回波脉冲，传感器无法接收，这一距离称为盲区，它决定了传感器膜片到最大料位之间的最小距离。最大测量范围取决于空气对超声波的衰减以及脉冲从介质表面反射的强度。安装传感器时，在盲区内的料位会导致仪表的输出结果失真。因此，在仪表安装时一定要注意对测量的有效位置的选择。

超声波测量仪器多为免维护仪表，对其进行现场参数的设定后，没有特殊的情况可不用检修与维护。安装的时候一定要根据现场工况，准确无误设定参数。特别是安装的位置高度要仔细选定，使仪表的有效测量范围始终在要求之内。超声波的操作主要体现在基本设定和基本标定两方面上。料位与流量仪表的基本设定相同，有设定装置的长度、设定工作模式、输入传感器型号和有关外接测量装置的输入 (外接限位开关，外接温度传感器)。

2. 激光式液位计

激光式液位计是一种很有发展前景的液位计，因为激光光能集中，强度高，而且不易受外来光线干扰，甚至在 1500℃左右的高温下也能正常工作。另外，激光光束扩散很小，在定点控制液位时，具有较高的精度。

如图 4-1 所示 [①] 为反射式激光液位计原理。液位计主要由激光发射装置、接收装置和控制部分组成，控制精度为 ±2mm。当氮氧激光管 1 反射出激光光束，经两个直角棱镜 2、3 折光后，射入光束 5，经盘式折光器 4 成为光脉冲，再经聚光小球 6 聚成很小的光点，由双胶合望远镜 7 将光束按 10° 左右的斜度投射于被测液面上。当被测液位正常时，光点反射聚焦在接收器的中间硅光电池 10 上，经放大器 13 放大后使正常信号灯亮；当被测液面高于正常液面时，光点反射升高，被上限硅光电池 9 接收，经放大器 12 放大后使上限报警灯亮；反之，则下限报警灯亮，控制执行机构改变进料量。上、下光电池间的距离，可根据光点的大小和控制精度进行上、下调整。

---

① 本节图表引自：马勇，彭永臻.城市污水处理系统运行及过程控制 [M].北京：科学出版社，2017：76-144.

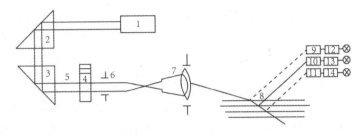

1—激光管；2，3—直角棱镜；4—盘式折光器；5—光束；6—聚光小球；7—双胶合望远镜；8—被控制液位；9—上限硅光电池；10—正常硅光电池；11—下限硅光电池；12-14—放大器

图 4-1　反射式激光液位计原理

(二) 压力检测仪表

1. 弹性式压力表

压力计安装的正确与否，直接影响到测量结果的准确性和仪表的使用寿命，主要有以下两方面注意事项：

(1) 导压管铺设。①导压管粗细要合适，尽量短，减少压力指示的迟缓；②安装应保证有一定倾斜度，利于积存于其中的液体排出；③北方冬季注意加设保温伴热管线。应在取压与压力计间装上隔离阀，便于日后维修。

(2) 压力计的安装。①压力计要安装在易观察和检修的地方；②应注意避开振动和高温影响；③测量高压的压力计除选用有通气孔的外，安装时表壳应朝向无人处，以防意外。

在压力表的使用进程中应注意经常检查传压导管的严密性，及时消除渗漏现象，及时疏通导管的堵塞，如果发生零位偏移可进行调节，保证计数的正确。

2. 压力变送器

在被测点和仪表安装地点距离较远时或数值进入系统联动时要采用变送器把压力信号转变为电流或电压信号再进行检测。压力变送器对液位的测量多实现在管道与罐体等压力容器中。通过对容器内压力变化的测量，得出容器内液位的变化。

(1) 使用与操作。对压力变送器的操作主要包括对零点的调校和对量程的调校。零点调校应在一定的基准试验条件下进行，如对温度、湿度和气压等都有规定的要求。具体做法是：在零压力状态下，用精度高于压力变送器精度三倍以上的仪表现场仿真器，以产品规定的标准供电，预热一定时间后，观察零位输出值，若偏差超出变送器精度允许范围，应对仪表进行调节。

量程调校前必须先在基准试验条件下完成零点调校。具体做法是：将压力变送器与基准压力计密封连接，加压至压力变送器满量程。然后观测压力变送器的输出值，如果压力变送器的输出值与理论值对比有误差，用仪表现场仿真器对变送器的量程进行调整。此过程要经过多次实验，应由从事过专门计量和仪表调校的人员操作。

（2）使用注意事项及故障分析。压力变送器属于敏感精密仪器，当应用在管路中时，要安装在远离泵、阀并加装缓冲管或缓冲容器，以免压力冲击损坏变送器。应用过程中要使压力变送器探头处于常规温度状态，可以有效保证及延长仪器的使用寿命。压力变送器常见故障见表4-1。

表4-1 压力变送器常见故障

故障现象	产生原因	解决方法
输出信号出现	由安装环境造成的零点漂移	零点调整
偏差或跳字现象	环境温度超出使用范围	更换仪表，或加散热装置
偏差或跳字现象	变送器壳体进水或侵蚀	置于60℃干燥箱中烘干后调校
压力无异常波动	电源或二次仪表出现故障	更换或调整二次仪表滤波设置
压力无异常波动	电源接线反了	重新接线
无输出信号	电路保护元件或芯片击穿	返厂维修
开路或短路	敏感元件因过压冲击损坏	返厂维修
零位输出过大或过小	供电电源或二次仪表损坏	更换或维修
零位输出过大或过小	过流过压造成传感器烧毁	返厂维修

四、城市污水处理系统的仪表信号与设置

在现代工业生产过程中工艺参数的测量系统中，测量仪表各个组成部分常常以信息流的传递过程来划分，一般可以分为信息的获取——仪表（将各种被测参数转换成电量信号）；信息的转换——变送器（将仪表送来的电量信号放大，变换成一个标准统一可远距离传输的信号）；信息的处理显示——指示仪、记录仪（将变送器送来的信号重新变成被测量值的大小）。所以一个完整的测量仪表系统，它必须由仪表、变送器、转换器，以及显示器和处理器等几个部分组成。

仪表：一个把被测量（绝大部分均为非电量参数）变换成电量的装置，因此它是一种获得信息的手段，它在工业生产过程、工艺测量系统中占有重要的位置，它获得信息的正确与否，关系到整个测量仪表系统的精度，如果仪表误差很大，即使后面的变送器、显示器精度再高，也将难以提高测量系统的精度。

变送器：一个把仪表的输出的微小电量信号通过放大处理变为一个标准统一的电压、电流或频率信号，并负责向显示器、调节器或计算机系统输送信息的装置。

显示器：测量的目的是使人们了解要测的数值，所以必须要有显示装置。显示的方式，目前常用的有三类：模拟（指针式）显示、数字显示和图像显示。在测量过程中，有时不仅要读出被测参数的数值，而且还要了解它的变化过程，特别是动态过程的变化，根本无法用显示仪表指示，那么就要把信号送至记录仪自动记录下来，或传递给计算机进行记录显示。

(一) 检测信号的变换

信号变换器是为了把仪表输出的流量、液位、浓度与温度等检测值，转变成电信号、空气压力或油压信号（第一次转换），达到对于指示、记录、调节等都方便的标准；保持原样或再转换成其他信号（第二次转换）的仪表。根据其用途与转换方式，不同信号转换有多种形式，如电流—电压、电压—电流、电流—电流、压力—电流等。但其输出信号的种类、标准与信号的取值范围等应尽可能保持统一，精度也应当与处理设施的要求相协调。通常使用 DC4～20mA、1～5V 的电信号。如果可能有噪声干扰时，应当使用直流电信号，常用的信号变换器如下：

1. 电气式变换器

电气式变换器是根据需要将检测信号作用于放大、同期整流、加减乘除、去除噪声、反馈、定值电压等电路转换成优良信号的装置。变换元件使用硅、IC（集成电路）等半导体，变换器部件应具有耐久性、可靠性且小型化。表 4-2 和表 4-3 列出了污水处理厂中常用的变换器与检测器。

表 4-2 量的检测项目与检测方式

项目	仪表安装目的	变换器	检测器	信号接收仪表		
				指示	积算	记录
进水管渠水位	水泵运转台数及速度控制指标	差压传送器	排气式	○		
沉砂池进水闸门开启度	用于池数控制	R/I 变换器	电位计	○		
水泵集水井水位	水泵运转台数及速度控制指标	差压传送器	排气式	○		
进水量	控制曝气量及回流污泥流量	流量变换器	电磁式	○	○	○
预曝气池空气量	控制曝气风量	差压传送器	孔口	○		
排泥量	掌握污泥负荷	流置变换器	电磁式	○	○	
曝气池空气置	控制曝气风量	差压传送器	孔口	○		

项目	仪表安装目的	变换器	检测器	信号接收仪表		
				指示	积算	记录
回流污泥量	控制回流污泥流量	流量变换器	电班式	○	○	
剩余污泥量	控制剩余污泥流量	流量变换器	电进式	○	○	
排放水量	控制排水量	流量传送器	堰式	○	○	○
排放浓缩污泥量	控制排泥量	流量变换器	电进式	○	○	
排放消化污泥量	管理控制排泥量	流量变换器	电进式	○	○	○
消化气体压力	管理污泥消化池	传送器	压差式	○		
污泥储存池液位	管理污泥储存池	差压传送器	排气式	○		
供给污泥量	控制加药量	流量变换器	电磁式	○		

表 4-3　质的检测项目与检测方式

项目	仪表安装目的	变换器	检测器	信号接收仪表	
				指示积算	记录
排泥浓度	掌握与调节污泥负荷	浓度变换器	超声波式	○	
初次沉淀池出口浊度	回流/剩余污泥控制信息	浊度变换器	光学式	○	○
曝气池 DO	监视处理水质/控制 DO	DO 变换器	电解槽式	○	○
回流污泥浓度	回流/剩余污泥控制信息	浓度变换器	超声波式	○	
排放水浊度	水质监视(代替 SS 检测)	浊度变换器	光学式	○	○
排放浓缩污泥浓度	污泥管理	浓度变换器	超声波式	○	
污泥消化池温度	污泥消化池管理	温度变换器	测温电阻	○	
供给污泥的浓度	控制加药量	浓度变换器	超声波式	○	

2. 力平衡式变换器

从排气式流量计、液位计、孔口流量计、巴氏计量槽等压差式的检测部分得到的压差信号作用于检测隔膜等，把与检测压差成比例的力加在横梁上，将其变位放大之后，变成输出信号。另外，使输出信号的一部分与反馈的力相平衡。

3. 变位平衡式变换器

把波纹管等的压力变位，由堰流量产生的变位和由浮子式液位计得到的变位等作为旋转变位，使磁路中磁铁发生变位，将空穴发送器产生的信号经过放大得到输出信号。输出的一部分作为反馈，由磁道平衡产生变位相平衡。

除上述三种变换器外，还有在检测部分使用扩散型半导体压敏元件，以及利用在硅板的受压膜上形成压敏扩散效果的变换器等。

(二) 信号的接收及其仪表设备

信号的接收应采用适合于监视、记录等使用目的，容易维护管理的信号接收方式。信号接收器是接收来自变换器和传送器的信号，并对其进行定量指示、记录、显示、报警等的装置。还有同时具有调节和计算功能的；也有能接受来自调节及计算装置的信号；还有在接收的同时能进行操作的像 CRT（阴极射线管）显示器那样的装置。

第一，指示仪。通常使用动圈式的模拟指示计。有广角形指示计、带形指示计、条形指示计等，一般安装在仪表盘上。由于读取数据容易、精度高等优点，数字式指示计近年来被广泛使用。

第二，记录仪。使用记录仪来记录处理过程的检测值，进行数据管理。记录仪是由用于指示仪的记录纸传送机构、用于记录的数个笔尖移动机构或打点机构和定值报警机构等组成。记录纸的传送速度有固定速度的，也有用 2～4 级可变速度的。应当选择能够辨别处理过程变化的速度。应当根据数据管理目的需要来选择。记录用纸的更换虽然取决于记录纸速度，但多数仪表为每一个月或半个月更换一次记录纸。

第三，积算仪。因为积算仪是把输入信号变换成脉冲信号，对数字式的积算值进行计数显示的装置，因此将信号变换器与计算器组成一体的，也有将二者分开的仪表。

第四，调节器。调节器是把检测信号与内部的设定值进行比较，对其偏差进行各种计算，将调节动作的输出作为操作信号送入操作端的仪表。有发出信号 ON-OFF 的调节器，有发出脉宽输出的脉冲调节器，有进行比例、积分、微分等各种计算的 PID 调节器等。应根据被调节对象操作端的种类及特性来选择调节器。还有把从检测部分测得的控制量进行显示和记录的装置合并成一体的调节器。

第五，设定器。除了有把输入信号与内部设定值相比较发出报警信号的报警设定器，以及将输入信号乘以比率发出输出信号给调节器作为设定信号的比率设定器外，还有手动设定器、程序设定器等。

第六，计算器。在计算器中有加减器、乘除器、开方器等，计算器对输入信号进行运算，发出输出信号。常使用 DC1~5V 的统一信号。

(三) 仪表设备的设置

在设置仪表设备时，为了充分发挥仪表设备的总体功能，要适当做好安装、配线和配管方面的工作。即使仪表设备的检测部分、变换部分、操作部分、接收部分等各部分的功能良好，若设置不适当，也会直接影响设备总体性能、操作性、安全性及维护性，也涉及使用寿命，因此在设计与安装检测仪表设备时，应考虑以下方面：

（1）仪表的安装。安装仪表时，在了解各仪表的特性之后，还应当考虑维护性，并对场所的选定、布置、照明、空调、振动、环境条件等进行充分考察，按照各种仪表最合适的方法进行安装。

（2）配线及配管。

1）配线。无论仪表设备的性能怎样好，但是如果检测部分和接收部分的连接电缆很差，因静电感应、电磁感应而造成噪声干扰、信号紊乱等因素，都不能达到精确检测的目的。因而，应当按照仪表的信号种类、标准、周围条件等对选择电缆、对配线方法、构筑物（电缆处理室、电缆井、电缆槽等）及穿越墙壁部分的布置都要充分考虑。

2）配管。配管大致分为压力管、仪表用空气管及采样管。这些配管对仪表的正常运转起到重要的作用，要熟悉其检测对象的状态及环境条件，并要考虑配管的方法及材料。特别在质的检测采样中，关于采样位置、采样装置、预处理装置及采样管等，要分别对其采用的方法和材料进行充分考察选定，并且应做到易于维护及检查。

（3）仪表间的协调。设置各种仪表时，按照能提高性能及操作性、容易监视的要求，在配置仪表时使有关仪表能达到良好平衡。

（4）将来的扩建。当污水处理厂按多种系列并联运行来设计时，应按照后期工程的施工和维护管理方便来设置仪表设备，仪表配线与配管应留有必要的空间。

五、城市污水处理系统的营养物在线传感器

近年来，我国污水处理率不断提高，但是由氮磷污染引起的水体富营养问题不仅没有解决，而且有日益严重的趋势。氮和磷排放标准的逐渐严格，促进了营养物在线传感器（氨氮、硝酸氮和溶解性正磷酸盐）的开发和发展，并以传统的试验方法——比色法开发了营养物在线传感器。测量进出水中总氮和总磷浓度的在线仪表，

由于极其昂贵，只有很少的厂商生产。而氨氮、硝酸氮和可溶性正磷酸盐在线传感器已在国外城市污水处理厂获得一定程度的应用。

营养物传感器需要对采样预处理，传统的营养物传感器在仪器箱中安装泵单元、光度计、控制单元、化学药品。并且体积庞大、不能自动测定、化学药品消耗量大。随着对在线信息的要求，开发出了体积小、可以直接测定的传感器，最出名的当属 Danfoss Eviat 系列分析仪制造商基于比色法开发的氨氮、硝酸氮和磷酸盐现场传感器，以及 WTW 根据离子选择电极方法开发的硝酸氮和氨氮在线传感器。这些传感器可以节约采样和预处理系统的费用。

(一) 营养物传感器的发展

大部分营养物传感器根据实验室测定方法开发，但需要对采样进行预处理。典型的采样处理包括一个交错流的过滤装置，并在曝气池安装一个带有刀具的水下泵，在泵的作用下活性污泥通过交错流过滤器。滤出液进入在线分析器，在此加入相应的化学药剂进行实际分析，剩余物作为化学废弃物收集处理。此装置中配有流量传感器，保证营养物传感器中注入充足的滤出液，另外检查过滤装置是否堵塞，通常过滤装置数周后逐渐被堵塞，滤出液逐渐减少，以此测定过程的响应时间改变。

营养物传感器 / 分析仪需要对采样液预处理，在仪器箱中安装泵单元、光度计、控制单元、化学药品。营养物传感器 / 分析器的不断发展是因为在线测定存在缺陷，如采样和采样预处理过程。主要如下：

(1) 对于采样系统：测定的响应时间长且变化、在相对较长管道中可能发生生物反应。

(2) 对于分析器：尺寸较大并且需要特定的装置放置分析器、需要维护和标定、化学药剂消耗较高。

现已开发出体积较小、可直接测定 (如在曝气池) 的在线传感器。最出名的当属 Danfoss Eviat 制造商开发的氨氮、硝酸氮和磷酸盐现场传感器等系列分析仪 (根据比色法原理)、Hach/Lange 和 Danfoss 的硝酸氮传感器 (根据 UV 吸收原理) 以及 WTW 的硝酸氮和氨氮传感器 (根据离子选择电极方法)。这些传感器可以节约采样和预处理系统的投资和运行费用。

在上述传感器的基础上进一步开发了多参数现场传感器，并且逐渐向大众型传感器平台发展。这些传感器根据光谱吸收原理，也就是在不同波长测定不同的成分 (应用多变量数据分析方法)，以获得不同成分的吸光度，这些成分在 UV 和可见光区域自然吸收。典型平台传感器包括硝酸氮、COD 和 SS。

现有的多参数平台仅限于在所应用的波长有自然吸收的测定参数，这样的新型多参数平台根据 Danfoss Evita 传感器发展而来，并应用光谱光度计代替单通道光度计，从而可测定溶解物质的吸收光谱。测定在 UV 区域 190~360nm，也可以应用其他波长，这和光谱光度计有关。此外，Danfoss Evila 所应用的膜可以降低许多有机物在 UV 区域自然吸收带来的干扰。

应用硝酸氮和亚硝酸氮自然吸收的测定方法开发了一个新型氮传感器。氨氮测定可通过测定投加次氯酸盐生成的氯胺量。从活性污泥中取样，过滤后，立即应用普通实验室分析方法测定三氮浓度，取样时间根据定时器确定。传感器测定数据和实验室分析结果吻合得很好。氨氮首先氧化为亚硝酸盐氮，随后继续氧化为硝酸盐氮。当氨氮降为 0，亚硝酸盐氮生成量不会增加时，随着亚硝酸盐氮浓度的降低，硝酸盐氮浓度继续增加。

在线传感器仍在继续发展，很明显，设计体积更小、响应时间更快且具有直接测定功能的传感器是未来发展的趋势，也就是在线传感器越来越接近于传统的传感器，如 DO 和 pH 传感器，至少在体积和应用程度上更接近。

(二) 营养物传感器的设计

评价和使用营养物传感器需要考虑的因素包括：校验、清洗、响应时间、化学药剂、样品流量、物理尺寸、测定组分的性质以及使用友好性。

校验和清洗可以人工进行也可以自动进行。每次自动清洗和校验时间可能在 1~60min，其频率可能是每 5min 一次也可以是每天一次。进行清洗和校验的时间越短越好，因为在这段时间我们无法获得任何有用的信息。

对自动控制而言，营养物传感器的响应时间是个很重要的参数。在间歇运行系统中该参数尤为重要，响应时间在 5~15min 是可以接受的。一般而言，响应时间在 1~30min，样品前处理需要 1~20min，因此，在 SBR 法中很多仪器无法使用。如果使用这些仪器记录历史数据，那么，响应时间就没有非常严格的要求。化学药剂消耗量是传感器运行费用的主要组成部分。可以购买配制好的化学药剂，也可以买回药剂在实验室自行配制。购买使用已经配制好的药剂比较昂贵，但是可以保证测量精度，并且不需要对实验室人员进行培训，还节省了很多时间。更换药剂的间隔时间一般是每周一次至每 12 周一次。

传感器的形状千差万别，一些结构紧凑的传感器一般都设计成壁挂式，宽和高在 150mm×300mm 左右。大一些的传感器悬挂在从地板至天花板之间的小柜中，宽和高在 1m×2m 左右，质量超过 100kg。大多数传感器其宽和高在 0.5m×1m 左右，设计成壁挂式的。传感器的质量也非常重要，因为它要夜以继日地工作。早期的传感器常出现故障。现在，传感器的质量已经大大提高。如果测量生活污水，以下是这些参数的测量精度（标准偏差）：氨氮：0.3mg/L（测量范围在 0 ~ 10mg/L）。硝酸氮：0.5mg/L（测量范围在 0 ~ 10mg/L）。可溶性正磷酸盐：0.2mg/L（测量范围在 0 ~ 4mg/L）。

（三）营养物传感器的采样系统

任何传感器在进行测定之前需对样品进行前处理，这样才能保证测定的准确性，另外也可延长传感器的使用期限。包含采样系统最典型的传感器是新型的氨氮、硝酸氮和正磷酸盐营养物测定仪。样品前处理的目的是去除悬浮物质，以防止其堵塞、弄碎测量仪器的管道、泵或测量单元，或者防止电极污染。

在线分析测定仪希望能够尽量减少化学药剂的消耗量，因此，尽量使用断面面积小的管路，尽量使用光学测量组件，而且测定单元的体积也要尽量小。为了防止测量仪器被堵塞，污水样品必须要进行前处理，去掉其中的悬浮物质。在大多数污水处理厂中，使用超滤（UF）工艺来完成这一功能，一般膜孔径为 20μm。

一般用潜水泵将样品（一般在 5 ~ 10m³/h）送到测量室，在此按照交叉流动原则，超滤系统将样品定量（0.5 ~ 30L/h）过滤，过滤后得到的样品被送到内嵌传感器。

采样流量的量程一般在 1 ~ 2000mL/h。采样量较小的系统其优点之一就是化学药剂消耗量较小，并且可安装较小的超滤膜组件。采样量较大的系统可以只进行简单的过滤而不必经过超滤，或者对未经过滤的样品进行测定时，保持较大的流速，避免堵塞管路、泵和阀。另外一种在生物技术以及水质监测系统中得到应用的采样系统是流动性注射分析系统（FIA）。在废水水质分析中 FIA 的应用日渐增多，其优点是化学药剂的消耗量更小。样品作为一个区域以流动载体的形式进入测量系统。当样品区域流经多个管区时，可以进行多种前处理或与投加的化学药剂进行化学反应，然后流经传感器，测量一些指标。在 FIA 系统中经常使用分光光度法、荧光分析法以及电化学法进行指标检测。对某种废水或难处理的废水而言，采样系统要经常清洗。

六、城市污水处理系统的执行器和控制器

（一）执行器

控制系统通过执行器和仪表（检测仪表）与污水处理厂之间相互作用。如果没有执行器和仪表，任何复杂的控制决策都没有任何意义，它们是控制成功与否的关键，很多控制问题都是由于对这两类仪器的不正确选择导致的。

过程控制的主要执行器是"控制阀"，用于调节气体、液体和固体。变速驱动装

置经常用于固体传送，并越来越广泛应用于泵和空压机系统中，有取代控制阀的趋势。变速驱动装置的费用很高，从长远的角度而言，应该使用变速驱动装置。

1. 泵和空压机

使用泵和空压机在一定时间内控制或传输液体、泥浆、空气或其他物体，一般有三种方式：①恒速控制；②两套或三套系统结合在一起，实现逐步控制；③变速控制。每种控制按照驱动系统的设计和功能可以分成子控制系统。例如，变速电机驱动系统可以分为：机械控制系统；水力控制系统；电力控制系统。

（1）恒速控制。电机控制最简单的方式就是开/关控制，当不需要的时候，关闭电源，需要的时候再打开电源，它在污水处理厂中已经得到广泛应用，如进水流量的控制。当需要控制的流量和压力较大时，从仪器的角度而言，由于机械磨损，会造成严重的问题。频繁的开启和关闭，由于压力的突然变化，会缩短设备的寿命。

节流控制：这是一种比较传统的流量控制方式，在管路上设置挡板或节流阀来调控流量。泵持续全速运行，而不必考虑节流阀的位置。为抵消由于节流而产生的压力和阻力损失，泵需要连续运行，而只有在边界状态，泵的能耗才会有所降低。当初这种运行方式因比较简单廉价得以广泛应用。但是，由于它的效率太低，能耗太大，资金消耗太大，在很多情况下，是令人无法接受的。

导流叶片控制：这是控制风机风量最常用的控制方式，可以在很大流量范围内应用。调节安装在进口处的导流叶片的安装角度，可使所送的空气旋转方向与叶轮的旋转方向一致。降低导流叶片能耗的方法是配备一个双速电动机或配备两个工作范围不同的电动机。

与节流控制和导流叶片控制相比而言，变节距控制对泵和风机而言是相对高级的控制。风机和泵的叶轮上安装有导向叶片，按所需流量的大小调节导流叶片的角度。通过使用变节距控制可以在较大的工作范围内获得高效率，而节流控制只能在较小的工作范围内获得较高的效率。

（2）逐步控制。为了更有效地节能、提高效率，泵和风机可以串联或并联在一起使用，恒速泵供应基本流量，变速泵应对流量的变化。也可以让一个泵白天运行，一个泵夜晚运行，即一个泵是工作泵，一个泵是备用泵。也可以使用两个完全相同的泵，其中一个作为备用泵，两者结合在一起还可以满足不同流量的要求。

（3）变速控制。即使没有任何机械接触转矩也可以在发动机和负载轴之间传递。在液压联轴器中，通过调节旋转油箱中安装在发动机轴上和泵轴上的叶片的油位可以获得所需的速度。通过改变油箱中的油位可以调节泵轴的速度，而发动机以恒速运行。涡流耦合技术已应用数十年，主要用于同步恒速电机速度和负载的变化。在液压联轴器中，通过电动机的轴和联轴器的轴之间的电磁感应作用可以传递转矩。

目前最好的、最有潜力的控制方法是使用变频器控制技术。20世纪60年代变频器问世，至今已发展成为经济、可靠和比较成熟的技术。当考虑变速驱动时，最常考虑到的就是异步电动机，因为它是泵和空压机系统中最主要的电机。现在变频器的使用范围从1kW到几千千瓦，范围较大。有一种独特的控制方法：脉冲宽度调制（PWM）。三相电首先转化为恒电压，并以可变长度和数量的脉冲方式供给电机，这样电机获得所需的电压和频率。调制频率越高，正弦曲线的性状越标准。调制得越好，电机和驱动系统的效率越高。变频转换器可以在新系统也可以在旧系统中应用。大多数泵或空压机系统用的都是异步电机。高级的电机工作范围较大，必须进行冷却，并且在电机速度较低负荷扭矩较高的情况下还需额外的冷却。

一般而言，电机的投资与其日常运行费用相比只占非常小的一部分，电费占到总费用的90%。因此，不仅要选择合适的泵或风机，还要选择合适的电机和驱动设备。变速系统比恒速系统的日常维护费用要低很多。变速系统根据需要调整负荷扭矩，这样就减少了电极和负载的机械磨损。通过变频器斜坡函数的作用可以做到软启动和软终止。这样就可以避免管路中产生的压力波动，降低危险和减少昂贵的维护费用，并且可以同时将电机、泵和阀的损失降到最小。通过使用PWM转换器还可以避免驱动系统中的临界频率和机械共振。PWM转换器不会消耗任何无功功率，这就意味着没有必要安装电容器组进行相位补偿。调频器可以整合在任何综合控制系统中，这样就可以局部控制、外部控制以及通过计算机通讯控制。

2. 控制阀

控制阀就是在阀杆上安置一定形状的塞子，阀杆沿圆周上下运动。弹簧上放置隔板，阀杆靠气压在隔板上运动。根据需要应用弹簧的开关控制阀门的开关。有时也通过电力或水力来驱动阀杆。依据流经阀门的压降、液体类型、流量以及阀杆的位置等因素来设计阀门的各个组件。一般按照管道的尺寸以及阀门的位置来决定阀门的尺寸。确定阀门的类型以及阀门各组件的尺寸需要考虑以下因素：

压降：如果流经阀门的压降较大，那么，阀杆的移动就会比较困难。将两个阀塞结合在一起将一股液流分成两股方向相反、相互抵消的液流，这样可以减少压降。如果流量较小，则需要不同类型的阀门，如蝶阀。

最大流量：要同时考虑最大设计流量和流量的最大控制范围。一般而言，后者应该为设计流量的30%～50%，但是一些工程师却将其降低为10%，结果使阀门达不到设计要求。

流量可调范围：阀门开启度在15%～85%，对应的流量为阀门的流量可调范围。这与阀门各组件的设计以及通过阀门的流量及其压降等相关。在考虑正常可调流量范围的同时也必须充分考虑低于和高于该流量范围的最大流量控制范围（最好在

30%～50%）。有时需要同时并列设置几个相同的阀门。

敏感度：这与流量可调范围和流量的最大控制范围以及需要控制的精度有关。一般设计大一些的阀门达到流量的要求，同时设置小阀门来达到精度的要求。

线形性：对控制而言，其目的就是保持仪表的输出对控制器的输出而言是线性的，即通过使用适当的调整阀门或偶尔使用适当仪表来补偿工艺过程或传感器的非线性。

迟滞性：这是使用控制阀遇到的最常见问题，当液体流经阀门的时候，阀塞会进入阀身，产生密封摩擦。这也是使用控制阀经常出现连续小幅振荡的原因。建议使用阀门定位器，这是一个高增益二阶控制环路，通过测定阀塞的位置，将其设置在初级控制器需要的位置上。

(二) 控制器

从功能的角度来看，控制系统是由一些基本独立的控制环路组成，而由"被控过程、仪表、控制器和执行器"组成的控制环路与"整个硬件仪器系统"并不是一个概念，控制系统只是其中的一部分。如图 4-2 所示是从功能的角度定义的仪器系统，图中有三个明显的反馈系统：自动控制器、污水处理厂运行操作人员、污水处理厂管理人员。如图中虚线所示，只有自动控制器是硬件系统，其他都是人力资源，而人力资源具有感知、决策和行为上的一些不合理。工程师的职责是选择合适的硬件（仪表、控制器、执行器、显示器和打印报表装置）。

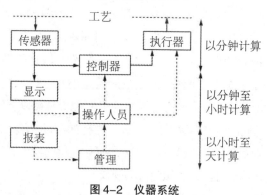

图4-2 仪器系统

1. 控制仪器的选择标准

适配器：该仪器一定要能够完成所要求的工作任务。

有效性：该仪器保持运行过程的连续有效运行。当然这也和处理过程的自身特征相关。对大型的连续运行的污水处理厂而言，有效性是非常关键的。仪器的有效性决定了控制系统的体系结构和冗余度。

可靠性：即达到了有效性的标准。

便于使用：这对人机交流是非常重要的。要尽量提供简单友好的人机交流，提供简单明了的报表，与污水处理厂的信息系统可以进行有效便捷的信息交换。

仪器易于维护：是否易于学习使用，故障元件是否可以在线更换，可以提供哪类故障诊断措施，从生产商那里可以获得哪些备用部件和技术支持。以上内容都很重要。

投资：这是最重要的一个决定因素。一般而言，以上几条标准和投资是成正比的。要想获得较好的仪器性能，投资一般都比较高，而要想降低投资，就得舍弃一些性能。

2.控制仪器的多种类型

(1) 单环控制器。仪表和执行器一般都是单独的硬件设备。控制器可以具有自己的显示器和调整设备而成为单独的硬件设备。在比较旧的污水处理厂、非常小的系统中可以见到单环控制器。如果这些设备具有单独的安全供电设备，若硬件发生故障，那么，从高效的角度而言，在某一时刻受到影响的只是这一个控制环路。问题是整个控制系统的显示、调整和控制功能被完全分散了，而且导致控制面板过大，运行人员较多，互相之间的交流和合作也成问题。

(2) 分散控制系统。微处理器的发展使得分散控制系统（DCS）得到了迅速发展。DCS是单环控制器和直接数字控制器（DDC）之间的一个折中系统。DDC在单一的计算机芯片上应用了大量的单环控制器，并且具有显示和报表功能。DCS相对于DDC而言，只是在较小规模上应用单环控制器组，每组控制器拥有自己的微处理器，并且相同的微处理器一般都配有两个。微处理器通过数据总线与一个或多个中心显示屏相连接，相同功能数据总线一般都不止一条。

DCS可以同时满足两项要求：一是可以像单环控制器那样完成控制要求（同时满足了投资和有效性），二是可以具备集中显示、调整和报表等易于运行操作的功能。DCS比较适宜在大中型污水处理厂（需要数十个到上百个单环控制器）使用，而且还可在大型的序批污水处理厂应用。DCS的主要问题是目前在市场上几个主要的生产商（如Honeywell、Bailey、Yokogawa、Foxhoro、ABB、Siemens）之间的产品互不兼容。这样不同生产商的产品无法互相连接，而且必须花费很高的费用，才能将它们与通用计算机连接起来互通信息。控制器之间的互相连接问题在近年来已经有所改善，但是在使用不同控制器时操作人员之间的交流还是非常困难，甚至是不可能的。

(3) 可编程逻辑控制器。在微处理器出现之前，序批式循行操作都是由复杂的继电器系统完成的。这样的控制系统建立、维护和更新都比较复杂。可编程逻辑控制器（PLC）有效地解决了这个问题，目前完全替代了继电器系统。PLC 由微处理器、开关状态的数字输入、激活开关或线圈的数字输出、微处理器与程序之间相互交流的接口界面等几部分组成。初期接口用的是阶梯逻辑，现在一般用布尔逻辑或更高级的表达方式。现在有的 PLC 还包含模拟信号接口，甚至具有前馈和反馈控制功能。现在 PLC 一般都可以与个人计算机相连接。一般应用 PLC 进行序批式污水处理厂以及小型连续流污水处理厂的过程控制。

（4）个人计算机和工作站。现在在个人计算机（PC）和 UNIX 工作站上有很多成套控制设备。通过接口卡或 PLC 可以将污水处理厂的信号传送给计算机。有时使用专门的微处理器或 PLC 完成部分或全部控制功能，而让 PC 机完成显示和高级控制功能。

PC 和 UNIX 工作站可用于序批式污水处理厂以及小型连续流污水处理厂的过程控制。但是由于 PC 机和 UNIX 工作站不是专门为实时控制而设计的，应用它们的时候就面临着可靠性问题。Windows 操作系统的运行速度足够快，满足了污水处理厂在响应时间方面的要求。在 PC 中每个实时控制程序都可以有其自己对时间量程的要求，因此，在污水处理厂中应用 PC 实现过程控制可以满足实时控制的要求。但 PC 的可靠性仍没有达到应用的要求。PC 时常受到病毒的侵袭。但是从目前的观点来看，由于 PC 的成本较低，它仍是一个比较好的选择。

最近发展表明，PC 可能完全取代 PLC，发展趋势是"软 PLC"。通用汽车公司已经决定尽量使用 PC 而不是 PLC。在污水处理厂，人们早就使用 PC 进行运行操作通讯、数据存储和离线计算。当然，对"软 PLC"也有许多反对意见。由于 PC 是一个标准产品，针对某些特殊的控制任务而言，它未必是最高效的。而且当不同品牌的组件相互连接在一起使用的时候 PC 还会产生不兼容等问题。另外经济利益是应用 PC 的最大驱动力。1996 年，PC 的市场份额是 1000 亿美元，而 PLC 只有 40 亿美元。这就意味着"软 PLC"存在着很大的市场，而且目前市场上已经有一些该类的软件包。

一般而言，基于 PC 的控制器限制是总线容量问题。一般通过接口卡或总线将 PC 与被控过程相连接，而后在仪表附近设置远程处理器来进行信号的初步处理。

（三）显示系统

相对于控制系统和被控过程之间的接口而言，仪器和运行管理人之间的接口更加重要。显示系统的设计需要遵循：①任何时候接口的设计都要遵循简洁明了的原则；②保持信噪比尽可能高；③在人们需要进一步了解的时候再告诉还需要了解什么，并提供寻找所需事物的方法；④按照特定的方式分层次组织信息，从而"有计划"地以最快的途径获取关键信息。

为了设计优良的显示系统，要对被控过程有一个全面分析，了解使用该显示系统运行操作人员可以完成哪些任务。在设计显示系统时需要考虑两个方面的内容：一个是显示什么样的信息内容，另一个是信息的表现形式（如何表现这些内容）。信息内容很多，多达数十甚至上百屏幕。

信息主要包括：仪表的测量结果；在仪表测量所得的结果基础上进一步计算；执行器的信号以及状态指示；在运行条件不正常或设备出现故障的情况下进行报警；设备设计信息，如泵的特征曲线或阀门特征曲线；系统的维护信息、状态和指导；运行目标和经济性。

由于所需信息量巨大，信息的组织和获取便成为迫切需要解决的问题。一般按照不同任务要求将信息分成不同的类别，对不同信息再按照总括、摘要、细节、针对某些问题或相关任务的交叉信息，这样就能够快速找到所需信息。现在的发展趋势是使用大屏幕、多视窗的信息显示系统。每个运行操作站都需要两个显示屏。

信息在显示系统上的表现形式与信息本身同样重要。通常往往因为显示的原因，大量信息无法展示给运行操作人员。因此，信息显示需遵循以下方针：

（1）版面设计应该协调，不超过 5 ~ 10 个显示等级，并且使用模板来强化显示的协调一致性以及操作按钮和帮助按钮的协调一致性。

（2）显示器应该按照功能分区域，为运行操作人员的任务分析设计出专门的区域。为所有运行操作人员完成某一共同的任务设置一个或两个显示屏。

（3）使用颜色、形状、声音等来表征属性，这些属性的使用应该遵循简约性、一致性。如果像圣诞树那样来表征属性，不仅不会起到帮助的作用，而且会将使用人员弄糊涂。

（4）清晰是至关重要的，每个显示屏上的条目都应该经过测试，不存在含糊性和需要进一步的解释。

（5）简单也是非常重要的，用三个比较简单的显示屏比用一个复杂和不清楚的显示屏更有优势。

（6）避免过多的冗余信息，冗余信息过多，运行操作人员就无法正确判断是否发生了异常现象，他必须不断地判断"这是仪器的问题还是被控过程的问题"。

（7）透明性，运行操作人员应该可以从显示屏上就能判定过程的状态，而不是只能得知控制系统或显示系统的状态。

（8）模式识别在显示设计时，应该让运行操作人员能够直接快速地进行模式识别。

（9）预测功能，预测有利于防患于未然。对变量给出其变化速率和变化方向比只观察其绝对值更有意义。如果物理过程的数学模型是比较正确的，就可以利用它进行过程预测。

（10）根据测量结果判定其与目标之间的差异，这样就可以进一步对过程进行优化。

第四节　城市污水处理与中水系统规划

一、城市污水的污染指标与负荷

(一) 水体的污染与自净

水体是河流、湖泊、沼泽、水库、地下水、冰川和海洋等"贮水体"的总称。在环境科学领域中，水体不仅包括水，而且还包括水中的悬浮物、底泥及水中生物等。从自然地理的角度看，水体是指地表被水覆盖的自然综合体。

水体可以按"类型"区分，也可以按"区域"区分。按类型区分时，地表贮水体可分为海洋水体和陆地水体；陆地水体又可分成地表水体和地下水体。按区域划分的水体，是指某一具体的被水覆盖的地段，如太湖、洞庭湖、鄱阳湖是三个不同的水体，但按陆地水体类型划分，它们同属于湖泊；又如长江、黄河、珠江，它们同为河流，而按区域划分，则分属于三个流域的三条水系。

1. 水体的污染

由于天然过程或人类活动排放的污染物进入河流、湖泊、海洋或地下水等，超出了水体所能容纳的程度——自净能力时，使水体的物理、化学性质以及生物群落组成发生变化，从而降低了水体的使用价值，危害人体健康和生态环境，这种现象称为水体污染。

（1）水体污染的类型。自然界中的水体污染，从不同的角度可以划分为各种污染类别。

按污染源（环境污染物的来源）划分可分为点源污染和面源污染。点源污染是指污染物质从集中的地点（如工业废水及生活污水的排放口）排入水体，它的特点是排污连续，其变化规律服从工业生产废水和城市生活污水的排放规律，它的量可直接测定或定量化，其影响可以直接评价；面源污染是指污染物质来源于集水面积的地面上（或地下），如城市、矿山在雨季雨水冲刷地面污物形成的地面径流等，面源污染的排放以扩散方式进行，时断时续，并与气象因素有关。

按污染成因划分可分为自然污染和人为污染。自然污染是指由于特殊的地质或自然条件，使一些化学元素大量聚集，或天然植物腐烂中产生的某些有毒物质或生物病原体进入水体，从而污染了水质；人为污染则是指由于人类在生活生产活动中引起地表水水体的污染。

人为污染按污染的属性划分又分为物理性污染、化学性污染和生物性污染[1]。物理性污染是指水的浑浊度、温度和水的颜色发生改变，水面的漂浮油膜、泡沫及水中含有的放射性物质增加等；化学性污染包括有机化合物和无机化合物的污染，如水中溶解氧减少、溶解盐类增加、水的硬度变大、酸碱度发生变化或水中含有某种有毒化学物质等；生物性污染是指水体中进入了细菌和污水微生物等。

事实上，水体不只受到一种类型的污染，而是同时受到多种类型的污染，并且各种污染互相影响，不断地发生着分解、化合或生物沉淀作用。

（2）水体主要污染物及其危害。造成水体水质、水中生物群落及水体底泥质量恶化的各种有害物质（或能量）都可叫作水体污染物。水体污染其结果如下：

第一，供水水质恶化，水体污染破坏了水的功能，使城市和工厂供水水质得不到保障，不仅增加水处理费用，而且可使产品质量下降，腐蚀设备，影响人体健康。用污染的水灌溉农田可使作物减产、农产品质量下降以至不能食用、土质恶化等。

第二，水中溶解氧下降，水生生态平衡遭破坏水中有机污染物分解耗氧使溶解氧下降，甚至耗尽，或水体有毒污染、热污染等均可造成水生生物无法生存如鱼虾死亡，致使整个生态系统失去平衡。

第三，低毒性转化为高毒性，水质进一步恶化这是因某些微生物的恶性转化作用和食物链的富集作用所致。

2. 水体的自净

污染物排入水体后，通过一系列物理、化学和生物的共同作用，致使污染物物质的总量减少、浓度降低，使曾受污染的天然水体部分地或完全地恢复原状，这种现象称为水体自净作用。自净作用是水体依靠自身能力净化污染的现象。自然界各种水体本身都具有一定的自净能力。水体自净按其机制分为物理净化、化学净化和生物净化，它们可同时发生，又相互影响。

水体自净作用可按发生场所分为：①水中的自净作用，如污染物的稀释、扩散，水中生物化学分解等；②水与大气间的自净作用，如某些气体的释放；③水与水底间的自净作用，如沉淀和底质吸附；④底质中的自净作用。

影响水体自净的主要因素包括水文、水污染物的物理化学性质、水生生物（特

① 任伯帜. 城市给水排水规划 [M]. 北京：高等教育出版社，2011：254-295.

别是微生物)、水体周围环境等。必须指出，水体自净有一定的限度，即水环境对污染物质都有一定的承受能力，这称为水环境容量。如果水体容纳过多污水，则会破坏水体自净能力，使水体变得黑臭。

随着城市区域化发展，对一条河流来讲，已不能称为上游、下游，因为对一个城市来说河流的下游会成另一个城市的上游。由于污水的不断排放，整条河流始终处于污染状态。所以，进行城市总体规划和给水排水工程规划时一定要充分考虑环境容量，并从整个区域来处理水污染控制问题。

(二) 城市污水的污染指标

污水的污染物可分为无机性和有机性两大类：无机性的有矿粒、酸、碱、无机盐类、氮磷营养物及氰化物、砷化物和重金属离子等；有机性的有碳水化合物、蛋白质、脂肪及农药、芳香族化合物、高分子合成聚合物等。污水的污染指标是用来衡量水在使用过程中被污染的程度，也称为污水的水质指标。下面对主要指标做出解释：

(1) 水温。各地生活污水的年平均温度约在 10～20℃。工业废水的水温与生产工艺有关。污水的水温过低（＜5℃）或水温过高（＞40℃），都会影响污水生物处理效果和受纳水体的生态环境。

(2) 色度。污水的色度是一项感官性指标。一般生产污水的颜色呈现灰色，当污水中的溶解氧不足时，会使有机物腐败，则污水颜色转呈黑褐色。生产污水的颜色视工矿企业的性质而异，差别很大。

(3) 臭味。臭味也是感官性指标，可定性反映某种有机或无机污染物的多少。生活污水的臭味主要由有机物腐败产生的气体所致；生产污水的臭味来源于还原性硫和氮的化合物、挥发性有机物等污染物质。

(4) 固体物质。污水中所含固体物质按存在形态的不同可分为悬浮的、胶体的和溶解的三种，按性质的不同可分为有机物、无机物和生物体三种。污水中所含固体物质的总和称为总固体（TS）。总固体包括悬浮固体或称为悬浮物（SS）和溶解固体（DS）。总固体根据其挥发性能又可分为挥发性固体（VS）和固定性固体（FS）。

(5) 酸碱度。酸碱度用 pH 表示。天然水体的 pH 一般为 6～9，当受到酸碱污染时，水体 pH 会发生变化。当 pH 超出 6～9 范围较大时，会抑制水体中微生物和水生生物的生存和繁衍，对正常生态系统产生不利影响，甚至危及人畜生命安全。当污水 pH 偏低或偏高时，不仅对管渠、污水处理构筑物及机械设备产生腐蚀作用，而且对污水的生物处理构成威胁。

(6) 生物化学需氧量（BOD）。BOD 是一个反映水中可生物降解的含碳有机物的含量指标。污水中可生物降解的有机物的转化与温度、时间有关。为便于比较，一般以 20℃温度下经过 5 天时间，有机物在好氧微生物作用下分解前后水中溶解氧的差值称为 5 天 20℃的生物需氧量，即 BOD_5，单位通常用 mg/L 表示。BOD 越高，表示污水中可生物降解的有机物越多。

(7) 化学需氧量（COD）。由于 BOD 只能表示污水中可生物降解的有机物的量，并易受水质的影响，所以，为了更精确地表示污水中有机物的量，也可采用 COD 指标，即在高温、有催化剂及酸性条件下，用强氧化剂氧化单位水中有机物所消耗的氧量，单位为 mg/L。根据氧化剂的不同，化学需氧量的测定方法可分为重铬酸钾法和高锰酸钾法两种。重铬酸钾法能比较迅速、完全地氧化水中的有机物，用重铬酸钾法测定污水的化学需氧量，用 COD_{Cr} 表示。用高锰酸钾作氧化剂测定化学需氧量时，测定值较重铬酸钾法低，用 COD_{Mn} 表示。

化学需氧量一般高于生化需氧量，两者的差值即表示污水中难生物降解的有机物量。对于成分较为稳定的污水，BOD_5 值与 COD 值之间保持一定的关系，其比值可作为衡量污水是否适于采用生物处理法的指标，称为可生化指标，该比值越大，污水越容易被生化处理，一般认为该比值大于 0.3 的污水才适于生化处理。

(8) 氮和磷。氮和磷是植物性营养物质，会导致湖泊、海湾、水库等缓流水体富营养化，而使水体加速老化。生活污水中含有丰富的氮、磷，某些工业废水也包含大量氮、磷。氨氮在污水中以游离氨和离子态氨盐两种形态存在。污水中含磷化合物可分为有机磷与无机磷两类。有机磷主要以葡萄糖 -6- 磷酸、2- 磷酸 - 甘油酸及磷肌酸等形态存在。无机磷以磷酸盐的形态存在，包括正磷酸盐、偏磷酸盐、碳酸氢盐、磷酸二氢盐等。一般生活污水中有机磷含量约为 3mg/L，无机磷含量约为 7mg/L。

(9) 有毒化合物和重金属。有毒化合物和重金属对人体和污水处理中的生物都有一定的毒害作用，如氰化物、砷化物、汞、镉、铬、铅等。

(10) 污水生物性指标。污水生物性质的检测指标主要有细菌总数、总大肠菌群及病毒三项，用以评价水样受生物污染的严重程度。

(三) 城市污水的污染负荷

污水的性质取决于其成分，不同性质的污水反映出不同的特征。城市污水由生活污水和部分工业废水组成。

(1) 生活污水的成分和污染负荷。生活污水一般不含有毒物质，但含有大量细菌和寄生虫，其中也可能包括致病菌，具有一定的危害性。生活污水的成分比较固定，只是浓度因生活习惯、生活水平有所不同。

（2）工业废水的成分和污染负荷。生产废水的成分主要取决于生产过程中所用的原料工艺情况，所含成分复杂多变，多半具有危害性。

在进行城市给水排水工程规划时，应当进行污染负荷预测，这是在污水量预测之外的另一个重要指标。削减污染负荷值是水污染控制的最终目的，它直接影响着污水处理方案的选择、污水管道系统和污水处理厂的布置、受纳水体的功能划分、水源的保护、工程的费用等问题。污染负荷预测由污水总量乘以污水的不同污染负荷。

二、城市污水处理厂的规划设计

（一）城市污水处理的工艺流程

城市污水处理的工艺流程是其规划设计的中心环节。一般而言，城市生活污水的特征比较规律，处理要求也比较规范化，已形成了较完整的典型处理流程，按污水应达到的处理程度一般划分为一级处理、二级处理、三级处理。对我国目前水体的污染现状来说，一级处理的排水很难达到要求，一般作为二级处理的预处理，三级处理可作为深度处理（相对于常规处理，即一、二级处理而言）的一种情况。近年来，发展了一级强化处理，即在一级处理后投加化学药剂，对悬浮固体、磷和重金属有较强的去除率，某些方面甚至优于二级处理。根据国内外经验，大中型污水处理厂用活性污泥法较多，小水量污水处理厂可采用各种生化处理方法。

（1）普通活性污泥法。应用于大、中、小型污水处理厂，出水可达到排放标准。

（2）氧化沟法。氧化沟法的构筑物较少，流程简单，管理方便，耐冲击负荷，出水水质好。

（3）序批式活性污泥（SBR）法。SBR法的构筑物较少，操作管理简便，耐冲击负荷，适于水质水量变化较大的污水处理。

（4）生物膜法。生物膜法适用于中、小型污水处理厂，能耗成本低，易于管理。

（二）城市污水处理方案的选择

城市污水处理方案的选择在于最经济合理地解决城市污水的管理、处理和利用问题，应根据污染物排放总量控制目标、污水水质、排放水体功能与流量、废水出路和水量等因素确定。污水处理的最主要目的是使处理后出水达到一定的排放要求，不污染环境，又要充分利用水体自净能力，节约费用。

另外，随着水资源的危机和用水量增加，污水处理应考虑回用问题。鉴于我国水环境和水资源现状，污水处理厂规划设计时，缺水地区应考虑污水回用，应把污水处理厂看成城市污水加工厂，为城市提供水源。

在考虑污水处理方案时，须先确定污水处理流程，一般应根据城市的自然、地理、经济及人文等各方面的情况，经过技术经济综合比较后确定，主要因素有原污水水质、排水体制、污水出路、受纳水体的功能、城市建设发展情况、经济投资、自然条件、建设分期等。必须考虑到城市水污染防治的目标及城市经济上的可行性；应优先采用价廉的自然净化处理系统，在必要时采用先进高效的新技术工艺；既能满足当前城市建设和人民生活的需要，又能利于未来城市发展的需要。

在选择污水处理方案时，应特别注意与城市规划分期建设相协调。因为污水处理投资较大，应考虑是先上一级处理，后建设二级处理；还是先建部分水量二级处理，再续建其余水量的二级处理等。这应结合当地环境状况、城市经济发展、城市性质、工业类型等，进行全方位比较后决定。

(三) 城市污水处理厂的规划布置

城市污水处理厂是城市排水工程的一个重要组成部分，恰当地选择污水处理的位置，进行合理的总体布局，关系到城市环境保护的要求、污水利用的可能性、污水管网系统的布置以及污水处理厂本身的投资、年经营管理费用等，所以慎重地选择厂址是城市排水工程规划的一项重要内容。

1. 城市污水处理厂的厂址选择

污水处理厂位置的选择应符合城镇总体规划和排水工程总体规划的要求，应根据下列因素综合确定：

(1) 位于城镇水体的下游。

(2) 在城镇夏季最小频率风向的上风向侧。

(3) 有良好的工程地质条件。

(4) 少拆迁、少占农田，有一定的卫生防护距离。

(5) 有扩建的可能。

(6) 便于污水、污泥的排放和利用。

(7) 厂区地形不受水淹，有良好的排水条件。

(8) 有方便的交通、运输和水电条件。

污水处理厂的厂区面积应按远期规模确定，并做出分期建设的安排。污水处理厂占地面积与处理水量和所采用的处理工艺有关。

污水处理厂的厂址选择十分复杂，各种因素相互矛盾，通常不可能各方面要求都得到满足，选择时要抓主要、分清主次条件，进行深入调查研究、分析比较。特别对于不能满足的某些条件，分析其影响大小、有无解决方法及弥补措施。当有几个位置可供选用时，要进行方案技术经济比较，确定最佳方案。

2. 城市污水处理厂的平面布置

污水处理厂总平面布置包括：处理构筑物布置，各种管渠布置，辅助建筑物布置，道路、绿化、电力、照明线路布置等。总平面布置图根据厂规模可用 1：100～1：1000 比例尺的地形图绘制。布置中应考虑下列要求：

（1）功能明确，布置紧凑，力求减少占地面积和连接管渠的长度，便于操作管理。生产关系密切、工作上有直接联系的辅助设施应尽量靠近，甚至组合在一起。各构筑物的间距应考虑铺设管渠的要求，维护检修的方便及施工时地基的相互影响，一般可取 5～10m，如很难达到时应至少 3m。对于消化池，从安全考虑，与其他构筑物之间的距离不小于 20m。

（2）顺流排列，流程简捷。处理构筑物尽量按流程布置，各构筑物间管路应以最短的线路布置，避免不必要的转弯和管道立体交叉，严禁将管道埋在构筑物下面。

（3）充分利用地形、地质条件，节省挖、填土方的工程量及避开劣质地基。

（4）管渠布置应使各处理构筑物能独立运转。当某一构筑物因故停止运转时，应设放空管及跨越管，以便检修和不影响其他构筑物的运转。厂内各种管渠较多，布置中要全面安排，避免互相干扰。

（5）要考虑环境卫生及安全。如生活辅助建筑、办公、化验等建筑物亦设在厂前，布置在夏季主风向的上风处，远离风机、泵房、晒泥场、锅炉房；厂内加强绿化，保证良好的工作条件；污泥消化池的贮气罐、隔油室的贮油罐与其他构筑物的间距要符合防爆、防火安全规定。

（6）考虑扩建的可能性，为扩建留有余地，做好分期建设安排，同时考虑分期施工的要求。

（7）道路布置应考虑施工及建成或运输要求。

3. 城市污水处理厂的高程布置

在整个处理过程中，应尽可能使水靠重力流动。因此，前面处理构筑物中的水面标高必须高于后面构筑物中的水面标高。污水处理厂高程布置的任务就是确定各处理构筑物、泵房和连接管渠的高程，使水能按处理流程在处理构筑物间通畅流动。

进行高程布置时，主要依据构筑物的高度和各处理构筑物间的水头损失。水头损失包括三部分：

（1）构筑物中的水头损失，包括进构筑物到出构筑物所有的水头损失在内。

（2）构筑物连接管渠的水头损失，包括沿程和局部水头损失。

（3）计量设备的水头损失，按选用的计量设备的类型查阅图表或按公式计算。

进行水头损失计算时，应选择距离最长、损失最大的流程，按最大设计流量计算。计算时应考虑安全因素，留有适当余地。求得水头损失后，就可以定出处理构筑物间的相对高差，再结合厂区的地形，定出每个处理构筑物的绝对标高。

高程布置时要综合考虑地形、地基、排水、维修时设备放空等条件因素，避免最低的构筑物埋深过大，最高的构筑物架空过高，应使处理厂建造时挖土方和填土方量平衡。污水处理厂构筑高程以接受水体的最高水位作起点，逆污水处理流程向上逐一倒推，这样，处理后污水在洪水季节也能自流排出。

三、城市中水系统的规划

中水系统是指将城市污水或生活污水经一定处理后用于城市杂用或工业用的污水回用系统。中水也是再生水的一种，其水质介于一般的自来水和城市污水之间，主要用于农业、部分工业和生活杂用，如与人体接触较少的用所冲洗、园林绿化、道路保洁、洗车等用水，以及冷却水和水景补充用水。现在研究和实施较多的是建筑中水，即民用建筑或居住小区排放的各种生活污水、冷却水等，经过适当处理后回用于建筑物或居住小区，作为杂用水。

中水是 20 世纪 60 年代在国外研究兴起的。近年来，建成了一大批工程，获得了良好效果。中水系统是污水重复利用的主要形式，在我国城市，特别是缺水地区实施中水工程，是发展的必然趋势。中水系统的规划也是城市给水排水工程规划的一项内容。

(一) 城市中水水源与系统概况

1. 城市中水水源

中水水源应根据排水的水质、水量、排水状况和中水四周水质、水量确定。中水水源可以取自生活使用后各种排放的污水和冷却水，也可采用雨水作水源，甚至工业废水。选择中水水源一般按下列顺序取舍：冷却水、淋浴水、盥洗排水、洗衣排水、厨房排水、厕所排水。其中前五类称为杂排水，前四类称为优质杂排水。一般选择中水水源，首先应选优质杂排水，这类排水水量大，有机物浓度低，处理简单，成本低；在所需回用水量较大时，也可考虑厨房排水，最后才用厕所排水即粪便污水。医院污水不宜作为中水水源。

中水水源水量应是中水回用量的 110% ~ 115%。建筑物排水量按建筑物给水量的 80% ~ 90% 计算，各分类排水量占总排水量的比例，可按各类用水量占总用水量的比值推算。规划设计时，对中水水源水量、处理量与中水用水量、给水补水量等通过计算、调整，使其达到总量和时序上的稳定和一致。

2. 城市中水系统的组成

中水系统由中水水源水系统、中水处理设施和中水供水系统组成。中水水源水系统主要是原水采集系统，如室内排水管道、室外排水管道及相应的集流配套设施；中水处理设施的作用是处理污水使其达到中水的水质标准；中水供水系统用来供给用户所需中水，包括室内外和小区的中水给水管道系统及设施。中水水源集流分为部分集流和全部集流，具体有以下三种方式：

（1）全集流全回用方式。全集流全回用方式就是建筑物或小区排放的污水全部集流，在处理达标后全部回用。这种方式节省管道，有利于全部利用污水，但水质污染浓度高，加之流程复杂，故成本高，占地大。这适用于已建成建筑物增设中水工程时，也适用于城市中水系统。

（2）分质集流和部分回用方式。分质集流和部分回用方式就是优先集流杂排水或优质杂排水，处理后回用于城市杂用。这种方式需室内、外两套排水管道（杂排水管道、粪便污水管道），基建投资高，但中水水源水质好，处理费低，易于被用户接受。适于新建城镇、小区、街道和新建大型建筑物。

（3）全集流、部分处理和回用方式。全集流、部分处理和回用方式就是把建筑物污水全部集流，但分批、分期修建回用工程，多余排水排到城市排水管道。这种方式不另增排水管道，可在原为合流制的已建区或街坊、已建大型建筑中使用，宜于分散、分批改建和扩建。

根据国内的工程经验，分质集流较适应我国的经济水平。不论哪种方式，城市供水系统都需两套管道，即市政给水（自来水）系统和中水系统，采用分质供水，并要求中水供水系统的完全独立，以保证用水安全和独立的使用功能。

3. 城市中水系统的类型

中水系统按规模可分为建筑中水系统、小区中水系统和城市中水系统。

（1）建筑中水系统。建筑中水系统是将单幢建筑物或相邻几幢建筑物产生的一部分污水经适当处理后，作为中水进行循环利用的系统，其主要用途是冲洗厕所、庭院绿化、洗刷用水和空调冷却水。该方式规模小，不需在建筑外设置中水管道，可进行现场处理，较易实施，但投资和处理费用较高。多用于单独用水的办公楼、宾馆等公共建筑。

（2）小区中水系统。小区中水系统是在一个范围较小的地区，如一个住宅小区、几个街坊或小区联合成一个中水系统，设一个中水处理厂，然后根据各自需要和用途供应中水。该方式管理集中，基建投资和运行费用相对较低，水质稳定。

（3）城市中水系统。城市中水系统是利用城市污水处理厂的深度处理水作为中水，供给具有中水系统的建筑物或住宅区。如在邻近城市污水处理厂的居住小区或高层建筑群，一般可利用城市污水处理厂的出水作为小区或楼群的中水回用水源，该方法规模大，费用低，管理方便。但需单独预设中水管道系统。

以上三种方式的选择应用，应据其各自的特点及各地具体情况而定。现在很多城市内中水多是一个建筑或几个建筑物建一个小型中水系统，就近返回这些建筑物使用。在大中城市建成区，受限于各种条件，只能如此，但这种方式管理分散，难于保持水质稳定，环境卫生管理工作难度也因此增加。从现实角度来看，小区中水系统更加有利，特别在新建住宅区、商业区、开发区等。从水资源利用和投资费用来看，城市中水系统更有优势，但牵扯面广，实现难度较大。

(二) 城市中水系统规划的要求

城市中水系统是城市给水排水工程系统的交叉部分，其所取原水来自集流的城市排水，中水处理设施既是污水处理厂又是给水净化厂，其出水系统是中水的给水系统。所以必须从城市给水排水工程规划的总体出发进行中水系统规划，现在的中水系统多限于单个或几幢建筑物，缺乏从总体上进行的规划，今后可能出现更大范围的中水系统。进行中水系统规划时，应注意以下问题：

（1）中水系统主要是为解决用水紧张问题所建立的，所以应根据城市用水量和城市水资源情况进行综合考虑。中水作为城市污水重复利用的主要方式应给予广泛关注，一些缺水地区应在规划时明确建立中水系统的必要性，水量平衡、水源规划、污水处理、管网布置都应在总体规划中有所反映，作为具体规划设计时的依据。

（2）总体规划中明确建中水系统的城市，应在给水排水工程的分区规划和详细规划中，结合城市具体情况，对一些具体问题进行技术经济分析后予以确定：如所需要回用的污水量，中水系统的所用形式是单体建筑还是小区或城市中水系统，中水水源集流的形式是分污还是合流，中水处理站（厂）的位置，污水处理厂和中水处理用地的预留，中水系统建设的分期等。

（3）中水系统管网的布置要求与给水排水管网相似。管网规划设计应与城市排水体制和中水系统相一致。中水系统应保持其系统的独立，禁止与自来水系统混接。对已建地区，地下管线繁多，中水管道的敷设应尽量避开管线交叉，敷设专用管线；回用与用水单位；新建地区中水系统与道路规划、竖向规划和其他管线规划相一致，并保证同步建设。

（4）中水处理站（厂）应结合用地布局规划合理预留。单幢建筑物的中水处理设施一般放在地下室，小区的多设在街坊内部，以靠近中水水源和中水用水地点，缩短集水和供水管线，要求中水处理站（厂）与住宅有一定的间隔。严格实施防护措施，以防止臭气、噪声、振动等对周围环境的影响。

（5）规划时应确定好建设分期，使中水系统既满足近期需要，又有扩建的可能。新建地区的中水管道尽量与道路同时规划建设，避免先建交通道路，再开挖而铺设中水管道，小区或街坊的建设应与中水处理站（厂）同步进行，防止出现自来水与中水交叉使用的情况。

（6）中水系统比城市污水处理厂的污水回用处理显得分散，使投资和处理费用增高，回用面小，难于管理和保证水质。原则上应使中水系统向小区或城市中水系统方面发展，要求规划时在整个规划范围内统筹考虑，增加回用规模，降低成本。

第五节 城市污水处理工程调试与运行管理

一、城市污水处理工程的调试

在对污水处理厂进行正式调试之前，必须充分地做好一些调试前的准备工作，其中包括：调试方案的编写与审批，紧急预案的编写，对现场各构筑物的清理，操作人员到岗和岗位责任制的建立，对现场的设施设备情况的熟悉，对上岗操作人员的必要的岗前培训，确保各工种的协调统一检查，确保所需工器具、材料辅料和安全设施的齐全等。只有当以上这些工作全面而充分地开展完以后，才可以进行下面的正式调试工作。

污水处理装置的调试可以分为单体调试、联动调试和工艺调试三种，单体调试和联动调试是工艺调试的前提与基础。下面分类概述：

（一）单体调试

我们进行单体调试的主要目的就是为了检验工艺系统中的各个单体构筑物以及电器、仪表、设备、管线和分析化验室在制造、安装上是否符合设计要求，同时也可以检查产品的质量。

1. 单体调试的准备工作

（1）单体调试的设备已经完成了全部的安装工作，技术检验合格并且经业主和监理验收合格。

（2）建筑物和构筑物的内部以及外围应该仔细彻底地清除全部的建筑垃圾以及生活垃圾，并且确保卫生条件符合标准。

（3）为了确保供电线路以及上下水管道的安全性和可靠性的要求，必须检查各类电气的性能以及上、下水管道、阀门和卫生洁具的性能。

（4）确保设备的本身应该具备试运行的条件，设备应该保持清洁，以及足够的润滑剂和其他的外部条件。

（5）参加试车的人员必须熟读相关设备的有关材料，熟悉设备的机械电器性能，做好单体试车的各项技术准备。

（6）土建工程以及设备安装工程，均应该由施工单位以及质检单位做好验收的各类表格，以便验收时填写。

（7）相关的图纸以及验收的标准，应该提前准备好以便验收时查阅。

（8）设备的单体试车，应该通知生产厂家或者是设备的供货商到场，当然国外的引进设备，也应该有国外的相关人员到场并在其指导下进行。

2.单体调试的检查项目

（1）数据检查。数据检查应该注意各项隐蔽工程数据是否齐全，各类连接管道的规格型号、材料的质量是否有记录，防腐工程的验收记录和主体设备的验收表格和记录等。

（2）实测检查。实测检查主要是检查设备的安装位置与施工图是否相同以及安装的公差是否符合要求。

（3）性能测试。性能测试必须依据有关的设备性能要求进行。

（4）外观检查。外观检查是许多工程技术人员忽视的项目，外观检查主要是检查设备的外观有无生锈，有无油漆的脱落，有无划痕以及撞痕等。

3.设备单体调试的步骤

（1）预处理系统的单体调试。预处理系统的单体调试主要的检查项目是粗格栅、皮带输送机、细格栅、潜污泵和沉砂设备。

（2）生化系统的单体调试。生化系统的单体调试主要检查的设备有各种反应构筑物（视不同的生化处理方法的不同而相异）和鼓风机房鼓风机，鼓风机房电、手动阀门、止回阀和排空阀等一系列设备。

（3）污泥处理系统的单体调试。污泥处理系统的单体调试的主要检查项目包括污泥脱水机房、污泥浓缩池、均质池等，具体的操作程序要依据相关的章程规定进行。

（4）厂区工艺进出水管线以及配水井的单体调试。厂区工艺进出水管线包括各类配水井、进水管道、出水管道、总出水井、反冲洗管道以及相应的压力井等[①]。管道、检查井以及各类配水井的调试要依据相关规定进行。

（5）仪表和自控系统的单体调试。由于自控系统的模拟试车和负荷试车必须在

---

① 肖羽棠.城市污水处理技术 [M].北京：中国建材工业出版社，2015：203-219.

设备的正常运转下进行，为了节约调试时间，自控系统的单体调试可与生化系统调试同时进行。

（6）辅助生产设施的单体调试。除了工艺、动力和仪表自控系统，辅助生产设施主要包括锅炉房、汽车库、消防泵房、机修间和浴室等。这些除消防泵房和锅炉房的设备需要进行单体调试外，还需要对机修间和泵房内的电葫芦进行安全性能的检查，其余的进行土建工程的初步验收。

（7）化验室设备的初步验收。化验室设备中，初步验收的主要设备有电子分析天平、电子精密天平、分光光度计、显微镜、便携式有害气体分析仪和便携式溶解氧仪。化验设备是否好用以及分析误差大小，最终应该由计量部门来确定，如果发现问题，应该及早与供货商取得联系，以便及时更换新的设备。

本阶段主要检查的是施工安装是否符合设计工艺要求，是否满足操作和维修要求，是否满足安全生产和劳动防护的要求。譬如：管道是否畅通，设备叶轮是否磕碰缠绕，格栅能否升降，电气设备是否可以连续工作运行，仪表控制是否接通、能否正确显示等。

（二）联动调试

在对污水处理厂完成了单体调试的内容之后，紧接着就应该对污水处理厂进行清（污）水的联动调试。联动试车的目的是为了进一步考核设备的机械性能和设备的安装质量。并检查设备、电气、仪表、自控在联动条件下的工况，能否满足工艺连续运行的要求，实验设施系统过水能力是否达到设计要求。一般来说，联动试车要经过 72h 的考核。可以先进行清水联动试车，后进行污水联动试车。清水联动试车后，有问题的设备经过检修和更换合格后再进行污水联动试车。

1.联动试车的准备工作

参与调试者必须仔细认真地阅读下列文件数据并检查所准备的工作。

（1）由所有选用的机械设备、控制电器以及备件的生产、制造、安装使用文件组成的设备手册，包括其中的技术参数和测试指标。

（2）运行、维护的操作手册。

（3）所有污水处理装置的设计文件以及前一阶段的验收档案。

（4）相关设备的安装工程和选用设备的国家规范和标准。

（5）各设备区域调试合格，并且通过验收。

（6）所有的管渠都进行了清水通水实验，畅通无阻。

（7）供电系统经过负载实验达到设计要求，能保证安全可靠，系统正常。

（8）污水处理工艺程序自动控制系统已经进行了调试，基本具备稳定运行的条件。

（9）已经落实了污泥的处理方案，调试所需要的物资和消耗品已经到位。

（10）由于调试期间化验项目比较多，并且化验室新增了分析仪器，化验人员有必要参加培训，以熟悉污泥性能和大气污染物指标的测定，所有参与调试的各重要岗位操作人员必须经过培训，熟悉操作规程，以便使得调试工作交接顺利。

（11）安全防护设施已经落实，能保证系统正常运行和确保操作人员的安全。

2. 联动试车的具体内容

联动试车分两部分进行。先进行构筑物内有联动关联的设备的区域调试，通过后再进行全厂设备的联动调试。

（1）粗格栅和进水泵房。当污水流进进水粗格栅和进水泵房之前，可以根据流量液位控制开停粗格栅的台数，逐台检查粗格栅的各项功能，检查皮带输送机输送栅渣的情况，完成粗格栅、皮带输送机、阀门的联动试车。当水位达到水泵的启动水位时，可以轮换启动潜污泵，检查泵的启动，停止功能和运行状况，并通过泵的出水口堰上水深粗略估算泵的提升能力。

（2）细格栅。调试方案与粗格栅相同，检查除污机的除污能力。

（3）旋流沉砂池。清水联动试车：分别在手动和自动条件下启动搅拌桨、鼓风机、提砂系统和砂水分离系统运转，并检查设备的各项功能；污水联动试车：在有污水流经的情况下，观察沉砂池的沉砂效果，从而可以测定每天的除砂量。

（4）水解酸化池。水解酸化池的联动试车主要是对配水井的出水堰水平和配水管的均匀性进行考察，在清水联动试车的过程中，必须保证所有的出水堰水平调整，进水后观察配水的均匀性是否达到设计的要求。

（5）鼓风机房。在生化处理核心构筑物（例如曝气池、滤池等）的试车之前，完成鼓风机的联动试车，检查设备的各项功能。

（6）曝气生物滤池。曝气生物滤池在联动试车阶段主要是对生物滤池内的曝气的均匀性、布水的均匀性、滤料的性能、反冲洗效果进行考察，当水流入滤池后，启动风机房的配套风机，逐个检查滤池布水、曝气的均匀性；清洗滤料，利用清水联动试车的水源，启动反冲洗操作，逐个清洗滤池中的滤料，清洗至出水清澈时为止，观察滤料的跑料情况。

同样的，曝气池的联动试车也有诸多的相似之处。必须注意的是，在对主要的工艺设备进行工况考核时，设备带负荷连续试运行时间一般要求大于24小时，对于设备存在故障或者问题，必须及时地报送施工监理单位和设备承包商，申请整改和维修。

（7）污泥处理系统的联动试车。污泥处理系统的联动试车包括水解酸化池排泥、污泥均质池液位、污泥脱水机等的联动试车。联动过程中注意检查各设备、阀门联动的反映情况，观察各个过程的衔接情况，注意风机停止后有无回水的情况。

(8) 辅助生产系统。辅助生产系统在联动试车阶段应该配合试车做好各项工作。

(9) 工艺运行控制试车。在联动试车的基础上，可以进行工艺运行试车。一般来说，进行工艺运行试车要具备以下一些前提条件，例如：各用电设备的联动试车已经基本完成，包括需要检修的、试车的设备已经完成；电气系统连接试车已完成；控制分析仪表已经完成等。

值得注意的是，工艺运行的试车应该在各个供货商提供的工艺运行软件的基础上进行调试，其中包括：进水泵房污水提升泵运行模式的调试；剩余污泥系统运行模式的调试和曝气池（曝气生物滤池）的运行模式的调试。

(三) 工艺试车

生化系统的试车是污水处理厂调试的重要步骤，也是污水处理厂前面进行的单体试车和联动试车的目的。一般地，由于现行的城市污水处理厂的工艺一般采用的是活性污泥法或生物膜法，理所当然地，污水处理厂的工艺试车就是生物膜处理系统的试车或活性污泥法处理系统的试车。

1.活性污泥法处理系统试车

活性污泥处理系统投运前，首先要进行活性污泥的培养驯化，为微生物的生长繁殖提供一定的条件，使其在数量上慢慢增长，并达到最后处理生活污水所需的污泥浓度。活性污泥的培养是整个调试工作的重点，关系到最终的出水达标问题，活性污泥培养的基本前提是进水流量不小于构筑物设计能力的30%。污泥的培养一般采用两种方式：同步培养法，也就是直接用本厂污水培养所需的活性污泥；浓缩污泥培养法，也就是利用其他污水处理装置的浓缩污泥进行接种培养。

生物处理系统在运行时，所产生的正常的活性污泥应该是沉降性能好、生物活性高、有机质含量多、污泥沉降比率和污泥的容积指数在80～200之间的。但是污水生物处理系统常常会因进水水质、水量和运行参数的变化而出现异常情况，从而导致污水处理效率降低，有时甚至损坏处理设备。

一般来说，污泥在水厂运行过程中容易发生的异常情况是污泥膨胀、污泥解体、污泥腐化、污泥脱氮即污泥的反硝化，有时候还会产生一些泡沫，其中涉及的一些重要的工程上的概念如污泥浓度、水力停留时间、有机物的单位负荷、污泥的回流比等都是影响污泥生物性能的十分重要的因素，一般是通过对这些因素的控制进而来控制污泥的性质和状态。

同样的，活性污泥中的指示性生物也可以作为我们对污泥进行管理的一个重要的途径。污泥中的生物相在一定的程度上可以反映出曝气系统的处理质量和运行状况，当环境条件(例如进水浓度及营养、pH、有毒物质、溶解氧、温度等)变化时，在生物相上也会有所反映。可以通过对活性污泥中微生物的这些变化，及时发现异常现象和存在问题，并以此来指导运行管理。

针对可能出现的上述这些问题，必须根据相关的污泥管理手册相对应地尽快加以解决，以免问题严重化、复杂化。了解常见的异常现象及其常用对策，可以使得工作人员及时地发现问题、分析问题和解决问题。

2. 生物膜法处理系统试车

生物膜法处理系统作为与活性污泥法相似的一种污水好氧生物处理技术，这种处理法的实质就是使微生物和微型动物(如原生动物、后生动物)附着在滤料或者是一些载体上生长繁殖，并在其上形成膜状生物污泥，也就是所谓的生物膜。

在污水与生物膜接触过程中，污水中各种各样的有机污染物作为营养物质，为生物膜上的微生物所摄取，从而污水也得到净化，微生物自身也得到生长繁殖。生物滤池的生物膜培养可以采用直接挂膜法进行培养。在微生物的培养阶段必须要求化验室跟班采样分析，采样频率和指针根据调试的要求进行。一般来说，成熟的好氧活性污泥中含有大量新鲜的菌胶团、固着性原生动物和后生动物。

二、城市污水处理工程的运行管理

污水处理工艺的运行管理和污水处理工艺的调试一样，是污水处理厂正常运行的一个十分重要的环节。下面就城市污水处理厂的工艺运行管理作一般系统性的概述，主要介绍污水处理厂各处理单元的运行管理。掌握并运用污水处理运行工艺的一般内容对一个城市水务工作者来说是非常重要的。

(一)进水泵房的运行管理

(1)集水井。污水进入集水井后的流速变得缓慢，因而会产生沉砂现象，使得水井的有效容积减小，从而影响水泵的正常工作，所以集水井要根据具体的情况定期清理，但是在清池的过程中，最重要的是人身安全问题。由于污水中的有毒气体以及可燃性气体会严重危及工作人员的人身安全。所以在清池时，必须严格按照步骤操作：先停止进水，用泵排空池内存水；然后是强制通风；最后才能下池工作。此外由于有毒有害气体连续不断地放出，所以工作人员在池下的工作时长不宜超过30min。

(2)泵组的运行和调度。泵组在运行和调度时应该遵循的原则包括：保证来水量与抽升量一致，不能使水泵处于干运转状态抑或是被淹没；为了降低泵的扬程应该保持集水池的高水位运行；为了不至于损坏机器，尽可能减少开停机的次数；应该保证每台机器的使用率基本相等，不要使得一些机器长期处于运转状态而另外一些机器始终搁置不用，这样对两方面的机器都没有益处。

故此，运行人员应该结合本原则和本厂的实际，不断地总结，摸索经验，力争找到最适合本厂实际的泵组运行调度方案。

(二) 沉砂池的运行管理

在现在的城市污水处理厂中，使用比较多的是曝气沉砂池和旋流沉砂池。日常管理维护主要是控制沉砂池的流速、搅拌器的转速，为了不至于沉砂池的浮渣会产生臭气、影响美观，所以必须定期清除。

操作人员要对沉砂池做连续测量并记录每天的除砂量，并且据此来对沉砂池的沉砂效果作出评价，并应该及时回馈到运行调度中。

(三) 水解酸化池的运行管理

当水解酸化池的设计达到要求之后，那么所面临的就是酸化池的启动问题了，其实质就是反应器中的缺氧或者是兼氧微生物的培养与驯化过程，其工程意义十分重大。一般地，在适宜的温度下，水解酸化池的启动大约需要4周的时间。下面概述酸化池启动的相关规程：

(1) 污泥的接种。污泥的接种就是向水解酸化池中接入厌氧、缺氧或者是好氧的微生物菌种。之所以这样做是为了节约污泥培养以及驯化所需的时间。接种的污泥可以是下水道、化粪池、河道抑或者是水塘、其他相类似性质的污水处理厂的污泥。在微生物的接种过程中，接种物必须符合一定的要求，例如，所接入的微生物或者是污泥必须具有足够的代谢活性；接种物所含的微生物数量和种类应该较多，并且要保证各种微生物的比例应该协调；接种物内必须含有适应于一定的污水水质特征的微生物种群以利于所需微生物的大量培养驯化；关于接种微生物，理论上可以通过纯种培养获得，但是这样对目前而言尚有一些难度，实践中一般采用的是自然或者是人工富集的污泥来实现。

采集接种污泥时，应注意选用生物活性高的、有机物的含量比例较大的样本，为了使得样本更适合于做接种物，在实际应用之前应该去除其中夹带的大颗粒固体和漂浮杂物。关于接种量多少的确定应该依据所要处理对象的水质特征、接种污泥的水质特征、接种污泥的性能启动运行条件和水解酸化池的容积来决定。一般来说，污泥的接种量越大，则反应器启动所需要的时间也就越短，所以在工程实际中，一般采用后续方法来控制接种污泥量的大小，若按照水解酸化池的容积计算，一般将接种污泥量的容积控制在酸化池容积的 10%～30% 之间。具体接种多少有时候还需要视本水厂的实际情况而定，操作人员应该注意在平时的实践中及时摸索，总结实际的运行经验。

污泥接种的部位一般是在水解酸化池的底部，这样可以有效地避免接种污泥在启动和运行时被水流冲走。

（2）水解酸化池启动的基本方式。采取间歇运行的方式，当反应器中的接种污泥投足后，控制污水废水，使其分批进料。待每批污水进入后，使反应装置在静止状态下进行缺氧代谢，当然亦可以采用回流的方式进行循环搅拌，使得接种的污泥和新增殖的污泥暂时聚集，或者是附着于填料表面，而不能随水分流失，经过一段时间的厌氧反应之后（具体所需的时间视所处理的污水水质和接种污泥的浓度而定），则污水中的大部分有机物被分解，此时可以进行第二批污水进水了。采取间歇运行的方式时，要逐步提高水解酸化池进水的浓度或者是污水的比例，同时逐步缩短厌氧代谢的时间，直到最后完全适应污水的水质并达到水解池连续运行的目的。

（四）活性污泥法异常情况的运行管理

采用活性污泥法处理系统运行的城市污水处理厂，普遍存在着适宜处理的污水广泛类型，污水处理厂的运行成本低，污水处理的效果好等一系列优点；当然由于活性污泥法处理系统本身的特点和性质要求污水处理厂必须加强日常运行的管理和维护，防止污水处理厂运行时的各种异常情况的发生，一旦发现有异常问题时必须及时加以解决，以免造成污水厂水处理效率的降低甚至是整个污水处理系统的破坏。因此，掌握一些常见的污水处理运行异常情况及其处理对策是非常有必要的。

（1）污泥的膨胀。污泥膨胀主要表现为污泥的沉降性能下降、含水率上升、体积膨胀、澄清液减少等一系列的与正常的活性污泥的性能不同的现象。引起污泥膨胀的原因有多种，丝状菌的过量繁殖，真菌的过量繁殖，还有可能就是污泥中所含的结合水异常增多。此外，污水中 C、N、P 等营养元素的不平衡——水中的溶解氧（DO）不足，混合液的 pH 值过低，水温过高，污泥的有机负荷或者是水力负荷过大，污泥龄过长或者是混合液中有机物的浓度梯度过小都会引起污泥的膨胀，还有曝气池排泥的不畅则可能会导致结合水性的污泥膨胀。

由此可见，由于污泥膨胀原因十分复杂，所以为了防止污泥的膨胀，必须首先弄清导致污泥膨胀的具体原因，然后再采取相应的有针对性的处理措施加以解决。

（2）污泥的解体。污泥的解体和污泥的膨胀是两个不同的概念。污泥的膨胀不会导致处理水的水质变差，也就是曝气池上清液的清澈度，只是会由于沉降性能不好而影响曝气池的出水水质。而污泥的解体会使得污水厂处理水质变得浑浊，污泥絮凝体微细化，处理效果严重变坏，所以区分污泥的这两种异常情况对及时有效地解决曝气池运行上的异常情况是十分必要的。

（3）污泥的反硝化。污泥的反硝化和污泥的腐败一样，都可以引起污泥在沉淀池出现块状上浮现象。当曝气池内污泥龄过长，硝化过程进行的比较充分时，在沉淀池内缺氧或者是厌氧极易引起污泥的反硝化，放出的氮气附着在污泥上引起污泥密度的下降，从而导致其整块上浮。

（4）污泥腐化。二沉池内的污泥由于停留时间过长加上其内的缺氧厌氧状况，很容易产生厌氧发酵，形成 H_2S、CH_4 等气体并产生恶臭，引起污泥块的上升。当然并不是所有的污泥都会上浮，绝大部分的污泥还是可以正常地回流的，只是少部分的沉积在二沉池死角的污泥由于长期滞留才腐化上浮。

工程实际中，常有的预防措施有：①安装不使污泥向二沉池外溢出的设备；②及时消除二沉池内各个死角；③加大池底的坡度或者改进池底的刮泥设备，不使污泥滞留于池底；④防止由于曝气过度而引起的污泥搅拌过于激烈，生成的大量的小气泡附着于絮凝体上，也会产生污泥上浮的现象。

（5）泡沫问题及其处理对策。曝气池内的泡沫不但会给生产操作产生一些困难，同时还会有下列情况：①由于泡沫的黏滞性，会将大量的活性污泥等固体物质卷入曝气池的漂浮泡沫层，阻碍空气进入混合液中，严重降低了曝气池的充氧效果；②极大地影响了设备的巡检和检修，同时产生很大的环境卫生问题；③由于回流污泥中含有泡沫会产生浮选的现象，损坏了污泥的正常功能，同时加大了回流污泥的比例及数量，加大了工程的运转费用，降低了处理能力。

常用的消除泡沫问题的措施有：①投加杀菌剂或者是消泡剂，虽然很简单但不能消除产生泡沫的根本原因；②洒水，洒水是一种最常用和最简单的方法，但是弊端和投加药剂一样，不能消除产生泡沫的根本原因；③降低污泥龄，降低污泥龄可以有效地抑制丝状菌的生长，从而可以有效地抑制泡沫的产生；④回流厌氧消化池上清液和向曝气反应池内投加填料和化学药剂。

（五）活性污泥法管理的指示性微生物

污泥中的生物相是指其内所含的微生物的种类、数量、优势度及其代谢活力等状况的情形。生物相在一定程度上反映曝气系统的处理质量以及其运行状况，当环境因素例如进水浓度和营养、pH 值、DO、温度等发生变化时，其在生物相上都有所反映。所以可以通过对污泥生物相的观察来及时地发现异常现象和存在的问题，并以此来指导运行管理，下面所列举的就是工程实际中最常见的活性污泥的指示性微生物。

（1）当污泥状况良好时会出现的生物有：钟虫属、锐利盾纤虫、盖成虫、聚缩虫、独缩虫属、各种微小后生动物及吸管虫类。一般情况下，当1mL混合液中其数量在1000个以上，含量达到个体总数的80％以上时，就可以认为是净化效率高的活性污泥了。

（2）当污泥状况坏时会出现的微生物有：波豆虫属、有尾波豆虫、侧滴虫属、毛滴虫属、豆形虫属、草虫属等快速游泳性种类。当出现这些虫属时，絮凝体就会很小，在情况相当恶劣时，可观测到波豆虫属、毛滴虫属。当情况十分恶劣时，原生动物和后生动物完全不出现。

（3）当活性污泥由坏的状况向好的状况转变时会出现的指示性微生物有：漫游虫属、斜叶虫属、斜管虫属、管叶虫属、尖毛虫属、游仆虫属等慢速游泳性匍匐类生物，可以预计的是这些微生物菌种会在一个月的时间之内持续占据优势种类。

（4）当活性污泥分散、解体时会出现的微生物有：简变虫属、辐射变形虫属等足类。如果这些微生物出现数万以上，将会导致菌胶团小、出流水变浑浊。

（5）污泥膨胀时会出现的微生物有：球衣菌属、丝硫菌属、各种霉等丝状微生物。当SVI在200以上时，会发现存在像线一样的丝状微生物。此外，在膨胀的污泥中，存在的微型动物比正常的污泥中少得多。

（6）溶解氧不足时会出现的微生物有：贝氏硫丝菌属、新态虫属等喜欢在溶解氧低时存在的菌属，此时的活性污泥呈现黑色并发生腐败。

（7）曝气过剩时出现的微生物有：各种变形虫属和轮虫属。

（8）当存在有毒物质流入时会出现的现象有：原生动物的变化以及活性污泥中敏感程度最高的盾纤虫的数目会急剧减少，当其过分死亡时，则表明活性污泥已经被破坏，必须进行及时的恢复。

（9）BOD负荷低时会出现的微生物有：表壳虫属、鲜壳虫属、轮虫属、寡毛类生物。当这样的生物出现得过多时会成为硝化的指标。

(六) 曝气生物滤池的运行管理

曝气生物滤池是生物膜处理工艺，是污水厂生化处理的核心。它的运行管理可以分为下列步骤进行：

（1）挂膜阶段。城市污水处理厂的挂膜一般采取的是直接挂膜方法。在适宜的环境条件和水质条件下该过程分两步进行：第一阶段是在滤池中连续鼓入空气的情况下，每隔半小时泵入半小时的污水，空塔水流速控制在1.5m/h以内；第二阶段同样是在滤池中连续鼓入空气的情况下，连续泵入污水，并使流速达到设计水流速。一般地，第一阶段需要10～15d，第二阶段需要8～10d。在有需要的情况下，也可以采用分步挂膜的方法。

（2）运行与控制。运行与控制包括布水与布气、滤料、对生物相的观察以及镜检等内容。

第一，布水与布气。为了保证处理效果的稳定以及生物膜的均匀生长，必须对生物滤池实行均匀的布水与布气。对于布水，为了防止布水滤头及水管的堵塞，必须提高预处理设施对油脂和悬浮物的去除率，保证通过滤头有足够的水力负荷；对于布气，由于布气采用的是不易堵塞的单孔膜空气扩散器，所以一般情况下不会发生被堵塞的情况。当然为了使得布气更加均匀，可以采取调节空气阀门，也可以用曝气器冲洗系统对其进行冲洗，使布气更加均匀。

第二，滤料。被装入滤池的滤料在装入之前必须进行分选、清洗等预处理措施，以提高滤料颗粒的均匀性，并去除尘土等杂物。滤料的观察与维护。在滤池的工作过程中我们必须定期地观察生物膜生长和脱落情况，观察其是否受到损害。当发现生物膜生长不均匀，表现在微生物膜的颜色、微生物膜脱落的不均匀性上，必须及时地调整布水布气的均匀性，并调整曝气强度来更正，此外，可能由于有时候反冲洗的强度很大导致有部分滤料的损失，所以，每一年定期检修时需要视情况酌情添加。

第三，生物相的观察。在污水的生化处理系统中，由于微生物是处理污水的主体，微生物的生长、繁殖和代谢活动以及它们之间的演变，会直接地反映处理状况。因此，可以通过显微镜来观察微生物的状态来监视污水处理的运行状况，以便使存在的问题和异常情况早发现、早解决，提高处理效果。

（七）生物滤池运行异常情况与处理对策

（1）生物膜严重脱落。生物膜严重脱落是运行中所不允许的，会严重影响污水处理效果。造成生物膜严重脱落的原因是进水水质的变异，例如抑制性或者是有毒性的污染物的浓度过高，抑或是污水的pH值的突变。其解决措施就是改善进水水质，并使其基本稳定。

（2）生物滤池处理效率降低。如果是滤池系统运转正常且生物膜的长势良好，仅仅是处理效率有所降低，这有可能是由进水的pH值、溶解氧、水温、短时间超运行负荷所致，对于这种现象，只要是处理效率的下降不影响出水的达标排放就可以不采取措施，让其自由恢复。当然如果是下降的十分明显，造成出水不能达标排放，则必须采取一些局部的措施，如调整进水的pH值、调整供气量，对反应器进行保温等来进行调整。

（3）滤池截污能力的下降。滤池的运行过程中当反冲洗正常时出现这种情况则可能是进水预处理效果不佳，使得SS浓度较高所引起的，所以，此时应该加强对预处理设施的管理。

（4）运行过程中的异常气味。如果进水的有机物浓度过高或者是滤料层中截留的微生物膜过多的话，其内就会产生厌氧代谢并产生异味。解决的措施为：使生物膜正常脱膜并使其由反冲洗水排出池外，减小滤池中有机物的积累；同时确保曝气设备的高效率的运行；避免高浓度或者是高负荷水的冲击。

（5）针对进水水质异常的管理对策。一般说来，城市污水处理厂的进水水质不会发生很明显的异常，但是在一些特定的条件下，污水水质会发生很大的异常，严重影响污水处理系统的运行：①进水浓度明显偏低。进水浓度明显偏低主要出现于暴雨天气，此时应该减少曝气力度和曝气时间，防止出现曝气过量的情况发生，或者是雨水污水直接通过超越管外排；②进水浓度明显偏高，一般来说，这种情况出现的概率不是很大，但是如果的确出现了，则应该要增大曝气时间和曝气力度，以满足微生物对氧的需求，实行充足供氧。

（6）针对出水水质异常的管理对策。当污水处理厂的出水出现水质恶化时，必须及时地采取有效的处理措施来应对。

第一，出水水质发黑发臭。其产生的原因可能是污水中的 DO 不足，造成污泥的厌氧分解，产生了硫化氢等恶臭气体，也有可能就是局部布水系统堵塞而引起的局部缺氧。针对前者其解决办法是加大曝气量，提高污水中的 DO，而对于后者采取的措施就是检修和加大反冲洗强度。

第二，出水呈现微弱的黄色。当出现这种情况时，可能是由于生物滤池进水槽中化学除磷的加药量太大，同时铁盐超标，其解决的方法是减小投药量。

第三，出水带泥、水质浑浊。出现这种情况极可能是生物膜太厚，反冲洗强度过大或者冲洗次数过频所致。所以，在实际操作中应该保证生物膜的厚度不要超过 $300\sim400\mu m$，否则应该及时地进行冲洗；同时，反冲洗强度过大或者是冲洗次数过频会使得生物膜的流失，从而使处理能力下降，所以，应该控制水解酸化池的出水 SS，减小反冲洗的次数，并且调整冲洗强度。

（八）加药间和污泥脱水间的运行管理

加药间和污泥脱水间都是污水处理厂的重要组成部分，所以，一般应设专人维护与管理，确保其始终处于良好的运行状态。

（1）加药间。一般有两个作用：一是用来给污泥脱水，在操作时应该注意：没有经过硝化的污泥的脱水性能比较差，在正式处理之前测定污泥的比阻值，以此来确定最佳的用药量，对于有异常情况的污泥应该先进行调质然后才进行脱水；二是用化学除磷，在操作时应该注意，必须根据每天的水质化验结果及时地调整用药量，以便使出水水质不出现异常情况，实现达标排放，所使用的化学药剂具有一定的腐蚀性，应该积极地维护设备的安全保养，发现有外漏的情况应该及时抢修。

此外，在加药间工作的人员应该经过必要的培训，以便可以正确地使用加药设备，同时要注意其内部的环境卫生条件。

（2）污泥脱水间。污泥脱水间内应该要搞好环境的卫生管理，内部产生的恶臭气体不仅会影响工作人员的身体健康而且会腐蚀实验设备，在实际中要注意加强室内空气的流通；及时地清除厂区内的垃圾，及时外运泥饼，并且做到每天下班前冲洗设备、工具以及地面；还要定期地分析滤液的水质，判断污泥脱水的效果是否有下降。

（九）水质分析室的运行管理

（1）水质分析实验室的管理与维护。要想使水质分析实验室，安全科学的运行，应该严格做到的事项包括：①严格执行化验室的各种安全操作规程；②严格遵守化验室的各种规章制度；③认真维护和保养实验室的各种实验设备；④严格执行药剂的行业配置标准。

（2）化验室主任以及化验人员的岗位责任制。化验室主任以及化验人员的岗位责任制的主要内容包括：①化验室主任要以身作则，带领全室人员严格遵守室内的各种规章制度，积极参加厂组织的各种活动，服从组织的安排，确保完成上级下达的任务和指标；②管理好室内的日常事务，履行化验结果的相关签发责任，做好每月考核和年度考评工作，同时要做好相关资料的统计工作；③严格遵守化验室的各种规章制度，坚持安全第一，落实安全措施，团结合作，积极进取，积极奋斗；④化验人员要负责厂内进出水、污泥和工艺要求的各项目的测试与分析；⑤化验人员要精通分析原理，熟悉采样、分析操作规程，做好原始记录，仔细认真及时地完成所分配的任务；⑥化验人员要承担对厂内排污单位的水质检测；⑦化验人员在配制试剂时要按照规则使用红蓝卷标，并注明名称浓度、姓名和日期；⑧做好仪器分析前后和过程中的卫生，并定期计量校验的仪器，定期对仪器的灵敏度进行标底，确保分析数据的准确性，做好台账；⑨化验员要与工艺员、中控室、厂办等部门保持密切的联系，积极配合厂内的工作检查；⑩化验人员要每天定时在规定的采样点取样，采样的时候要严格按照操作规程做，确保取得的水样不变质并且具有代表性，如果有异常的情况，应该及时地报告给技术负责人，共同分析原因，采取必要的措施进行处理。

（十）水质的分析与管理

在污水处理厂的运行过程中，对进出水水质进行严密的检控和精确的分析具有十分重要的意义。水质分析的结果是污水处理厂各项运行管理工作的出发点和依据，是污水处理厂运行的一个经济参数、效益参数和社会参数。

（1）水样的采集。水样的采集必须具有代表性，要全面充分地反映污水处理厂的客观运行状况，反映污水在时间和空间上的规律；在采样的过程中，对采样点的选择和采样的时间频率都有十分严格的要求，在污水处理厂的出入口、主要设施的进出口和一些局部的特殊位置设置采样点；在污水厂的入口、污水厂的出口的采样频率一般为每班采样 2~4 次，并将每班各次的水样等量混合后再测试一次，每天报送一次化验结果；而对于主要设施的水样采集一般每周采样 2~4 次，应该分别测定，最后报送结果；当处理设施处于试运行阶段时，则应该每班都采样测定。在采样的过程中，如果遇到事故性排水等特殊情况时，则采样的方式应该和平时正常的方式有所区别。

（2）水样盛装容器的选用。为了避免水样的保存容器对水样测定成分的影响，所以保存容器必须按照规定的原则选取：测 pH 值、DO、油类、氯应该采用玻璃瓶；测重金属、硫化物、有毒物质应该采用塑料瓶盛装；而对于要测定 COD_{Cr}、BOD_5、酸碱等水样可以采用玻璃瓶或者是塑料瓶。

（3）水样的保存。水样分析理想的状况是对所取的水样立即进行保存，否则，随着时间的推迟会影响水样分析结果的准确性。为了使被测水样在运输过程中不会发生水质变异，应该加以固定剂进行保存。在水质保存的过程中，对固定剂的选择原则就是保证固定剂的投加不能给以后的测定操作带来很大的困难，具体的选用原则可以参考相关的书籍，一般被测定的水样样品可在 4℃温度下保存 6h 之久。

(十一) 污泥出泥的管理

（1）正常情况下的污泥出泥的管理。正常情况下的污泥含水率大于 99%，而且脱水性能比较差，一般要投加絮凝剂和助凝剂才能够进行大规模脱水，污水处理厂的污泥投加药剂一般为聚丙烯酰胺和聚合氯化铝，脱水后的滤液回流至集水井再次处理；泥饼装车运到垃圾场填埋，运输过程中不得有泥饼脱落的情况，否则会造成二次污染，影响十分恶劣。

（2）出现异常情况的污泥管理。出现异常情况的原因很多，一般有污泥量减少、污泥上浮、污泥厌氧等，管理的步骤主要包括：查明出现异常问题的原因，然后对症下药解决污泥的异常情况；如果是水解酸化池污泥浓度的降低，那么就应该减少污泥的排放量，而剩余的污泥则按照正常的程序处置；当水解酸化池出现污泥上翻或者是污泥厌氧产气时，应该加大水解酸化池的排泥量。对于污泥出泥的管理是一个十分重要的环节，在实际的运行中要密切地关注污泥出泥的变化，减少恶劣情况的发生。

第六节 城市污水处理技术的发展趋势

在解决城市工业园污水问题时，应当深入到工业园区中去，与工艺人员、工人相互探讨，力求革新生产工艺，尽量不用或少用水，尽量不用或少用易产生污染的原料、设备及生产方法。例如采用无水印染工艺，可以消除印染废水的排放；采用无氰电镀可使废水中不再含氰等，又如采用酵法制革以代替灰碱法，不仅避免产生危害大的碱性废水，而且酵法脱毛废水稍加处理，即可成为灌溉农田的肥水。因此，改革生产工艺，以减少废水的排放量和废水的浓度，减轻处理构筑物的负担和节省处理费用，是应该首先考虑的原则。

尽量采用重复用水和循环用水系统，使污水排放量减至最少。根据不同生产工艺对水质的不同要求，可将甲工段排出的废水送往乙工段使用，实现一水二用或一水多用，即重复用水。例如利用轻度污染的废水作为锅炉的水力排渣用水或作为焦炉的熄焦用水。

将工业园区污水经过适当处理后，送回本工段再次利用，即循环用水。例如高炉煤气洗涤废水经沉淀、冷却后可不断循环使用，只需补充少量的水以补偿循环中的损失。城市污水经高级处理后亦可用作某些工业用水。在国外，废水的重复使用已作为一项解决环境污染和水资源贫乏的重要途径。

城市污水中特别是工业园区的污水中含有的污染物质，都是在生产过程中进入水中的原料、半成品、成品，工作介质和能源物质。如果能将这些物质加以回收，便可变废为宝，化害为利，既防止了污染危害又创造了财富，有着广阔的前景。例如造纸废液中回收碱、木质素和二甲基亚砜等有用物质，含酚废水用萃取法或蒸汽吹脱法回收酚等。有时还可厂际协作，变一厂废料为他厂原料，综合利用[1]。

同时，对污水进行妥善处理。污水经过回收利用后，可能还有一些有害物质随水流出，此外也会有一些目前尚无回收价值的废水排出。对于这些废水，还必须从全局出发，加以妥善处理，使其无害化，不污染水体、恶化环境。

---

① 肖羽棠.城市污水处理技术 [M].北京：中国建材工业出版社，2015：8-14.

第五章　城市污水处理厂的运行管理

城市污水已成为制约经济发展的一个基本现实，也是考虑城市水环境问题的出发点，因而，城市污水处理已成为城市经济建设的一个重要组成部分。本章主要探究城市污水处理厂的试运行、城市污水处理厂系统的运行管理、城市污水处理厂的计算机控制系统、城市污水处理厂运转设施的运行管理。

第一节　城市污水处理厂的试运行

一、城市污水处理厂试运行的内容与目的

污水厂的调试也称为试运行，包括单机试运行与联动试车两个环节，也是正式运行前必须进行的一项工作。通过试运行可以及时修改和处理工程设计和施工带来的缺陷与错误，确保污水厂达到设计功能。在调试处理工艺系统过程中，需要机电、自控仪表、化验分析等相关专业的配合，因此，系统调试实际是设备、自控、处理工艺联动试车过程。

(一) 试运行的内容

(1) 单机试运行包括各种设备安装后的单机运转和处理单元构筑物的试水。在未进水和已进水两种情况下对污水处理设备进行试运行，同时检查水工构筑物的水位和高程是否满足设计和使用要求。

(2) 联动试车是对整个工艺系统进行设计水量的清水联动试车，考核设备在清水流动的条件下，检验部分、自控仪表和连接各工艺单元的管道、阀门等是否满足设计和使用要求。

(3) 对各处理单元分别进入污水，检查各处理单元运行效果，为正式运行做好准备工作。

(4) 整个工艺流程全部运行后，开始进行活性污泥的培养与驯化，直至出水水质达标，在此阶段要进一步检验设备运转的稳定性，同时实现自控系统的连续稳定运行。

(二)试运行的目的

污水处理厂的试运行包括复杂的生物化学反应过程的启动和调试。过程缓慢，受环境条件和水质水量的影响很大。污水处理厂试运行的目的如下：

(1)进一步检验土建、设备和工程安装质量，建立相关的档案材料，对机械、设备、仪表的设计合理性及运行操作注意事项提出建议。

(2)通过污水处理设备的带负荷运行，测试其能力是否达到铭牌或设计值。

(3)检验各处理单元构筑物是否达到设计值，尤其二级处理构筑物采用生化法处理污水时，一定要根据进水水质选择合适的方法培养和驯化活性污泥。

(4)在单项处理设施带负荷试运行的基础上，连续进水打通整个工艺流程，在参照同类污水厂运行经验的基础上，经调整各工艺单元工艺参数，使污水处理尽早达标，并摸索整个系统及各处理单元构筑物转入正常运行后的最佳工艺参数。

二、城市污水处理厂试运行的检测项目

进入污水厂的水量与水质总是随时间不断变化的。水量和水质的变化，必然导致污水处理系统的水量负荷、无机污染负荷、有机污染负荷的变化，污泥处理系统泥量负荷和有机质负荷的变化。因此，应对污水处理厂进水的水量水质以及各处理单元的水质水量进行监测，以便各处理单元能够以此采取措施适应水量水质的变化，保证污水厂的正常运行。

(一)感官指标项目

在活性污泥法污水厂的运行过程中，操作管理人员通过对处理过程中的现象观测可以直接感觉到进水是否正常，各构筑物运转是否正常，处理效果是否稳定。这些感官指标主要如下：

(1)颜色。以生活污水为主的污水厂，进水颜色通常为粪黄色，这种污水比较新鲜。如果进水呈黑色且臭味特别严重，则污水比较陈腐，可能在管道内存积太久。如果进水中混有明显可辨的其他颜色如红、绿、黄等，则说明有工业废水进入。对一个已建成的污水厂来说，只要它的服务范围与服务对象不发生大的变化，则进厂的污水颜色一般变化不大[①]。

活性污泥正常的颜色应为黄褐色，正常气味应为土腥味，运行人员在现场巡视中应有意识地观察与嗅闻。如果颜色变黑或闻到腐败性气味，则说明供氧不足，或

---

① 李亚峰，晋文学，陈立杰.城市污水处理厂运行管理[M].北京：化学工业出版社，2016：60-66.

污泥已发生腐败。

（2）气味。污水厂的进水除正常的粪臭外，有时在集水井附近有臭鸡蛋味，这是管道内因污水腐化而产生的少量硫化氢气体所致。活性污泥混合液也有一定的气味，当操作工人在曝气池旁闻到一股霉味或土腥味时，就能断定曝气池运转良好，处理效果达到标准。

（3）泡沫与气泡。曝气池内往往出现少量的泡沫，类似肥皂泡，较轻，一吹即散。一般这时曝气池供气充足，溶解氧足够，污水处理效果好。但如果曝气池内有大量白色泡沫翻滚，且有黏性不易自然破碎，常常飘到池子走道上，这种情况则表示曝气池内活性污泥存在异常。

对曝气池表面应经常观察气泡的均匀性及气泡尺寸的变化，如果局部气泡变少，则说明曝气不均匀，如果气泡变大或结群，则说明扩散器堵塞。应及时采取相应的对策。

当污泥在二沉池泥斗中停留过久，产生厌氧分解而析出气体时，二沉池也会有气泡产生。此时有黑色污泥颗粒随之而上升。另外，当活性污泥在二沉池泥斗中反硝化析出氮气时，氮气泡也带着灰黄色污泥小颗粒上升到水面。

(二) 理化分析指标

理化分析指标多少及分析频率取决于处理厂规模大小及化验人员和仪器设备的配备情况，主要的监测项目如下：

（1）反映效果的项目。反映效果的项目包括进出水总的和溶解性的 BOD、COD，进出水总的和挥发性的 SS，进出水的有毒物质（对应工业废水所占比例很大时）。

（2）反映污泥情况的项目。反映污泥情况的项目包括污泥沉降比（SV%）、MLSS、MLVSS、SVI、微生物相观察等。

（3）反映污泥营养和环境条件的项目。反映污泥营养和环境条件的项目包括氮、磷、pH 值、溶解氧、水温等。

第二节　城市污水处理厂系统的运行管理

一、城市污水处理厂格栅间的运行管理

(一) 格栅运行管理的基本内容

（1）过栅流速的控制。合理控制过栅流速，最大程度发挥拦截作用，保持最高

拦污效率。栅前渠道流速一般应控制在 0.4 ~ 0.8m/s。过栅流速应控制在 0.6 ~ 1.0m/s，具体情况应视实际污物的组成、含砂量的多少及格栅距等具体情况而定。

在实际运行中，可通过开、停格栅的工作台数，控制过栅流速，当发现过栅流速超过本厂要求的最高值时，应增加投入工作的格栅数量，使过栅流速控制在要求范围内，反之，当过栅流速低于本厂所要求的最低值时，应减少投入工作的格栅数量，使过栅流速控制在所要求的范围内。

（2）栅渣的清除。及时清除栅渣是控制过栅流速在合理范围内的重要措施。投运清污机台数太少，栅渣在格栅滞留时间长，使污水过栅断面减少，造成过栅流速增大，拦污效率下降，如果栅格清除不及时，由于阻力增大，会造成流量在格栅上分配不均匀，同样会降低拦渣的效果，软垃圾会被带入系统。

单纯从清渣来看，利用栅前、栅后液位差，即采用栅前、栅后水位差来实现自动清渣是最好的办法。还可根据时间的设定，实现自动运行，但必须掌握不同季节的栅渣量变化规律，不断总结经验，确保参数设置合理。但在特殊的情况下，也会造成清污的不及时，也可采取手动开、停方式，虽然操作量较大，但只要精心操作，也能够保证及时清污。不管哪种方式，值班人员都应按时到现场巡检。

（二）格栅运行管理的卫生安全

格栅除污机是污水处理厂内最容易发生故障的设备之一。巡检时应注意有无异常声音，观察栅条是否变形，应定期加油保养。

污水在长途输送过程中腐化，易产生硫化氢和甲硫醇等恶臭毒气，将在格栅间大量释放出来，要加强格栅间通风设施管理，使通风设备处于通风状态。另外，清除的栅渣应及时运走，防止腐败产生恶臭。栅渣堆放处应经常冲洗，很少的一点栅渣腐败后，也能在较大的空间内产生强烈的恶臭。栅渣压榨机排出的压榨液中恶臭物含量也非常高，应及时将其排入污水渠中，严禁明沟流入或在地面漫流。

（三）常见故障的原因分析与对策

（1）格栅流速太高或太低。这是由于进入各个渠道的流量分配不均匀引起的，流量大的渠道，对应的格栅流速必然高，反之，流量小的渠道，格栅流速则较低。应经常检查并调节栅前的流量调节阀门或闸阀，保证格栅流速的均匀分配。

（2）格栅前后水位差增大。当栅渣截留量增加时，水位差增加，因此，格栅前后的水位差能反映截留栅渣量的多少，定时开停的除污方式比较稳定。手动开停方式虽然工作量比较大，但只要工作人员精心操作，能保证及时清污。有些城市污水厂采用超声波测定水位差的方法控制格栅自动除渣，但是，无论采用何种清污方式，工作人员都应该到现场巡察，观察格栅运行和栅渣积累情况，及时合理地清渣，保证格栅正常高效运行。

二、城市污水处理厂氧化沟的运行管理

氧化沟又称氧化渠或循环曝气池，污水和活性污泥混合液在系统内循环流动，其实质是传统活性污泥法的一种改型，并经常采用延时曝气的方式运行，一般不设初沉池，与传统活性污泥法相比沟体狭窄，沟渠呈圆形或椭圆形，分单沟系统和多沟系统，泥龄长，系统中可生长世代较长的细菌，污泥负荷较低，类似延时曝气法；运行方式有连续式和间歇式。

(一) 氧化沟的工艺与技术特点

1. 氧化沟的工艺特点

(1) 抗冲击能力强。原水进入氧化沟后会被几十次或上百次的循环，能够承受水质和水量的冲击，适合处理高浓度有机废水。

(2) 具有较好的除磷和脱氮功能。氧化沟采用多点或非全池曝气的曝气方式，且具有推流功能，DO 沿池呈浓度梯度，形成厌氧—缺氧—好氧的环境，通过精心的设计和精心的管理，可取得较好的除磷和脱氮效果[1]。

(3) 处理效率高、出水水质好。由于水力停留时间和泥龄接近延时曝气法，悬浮性有机物和溶解有机物可以得到很好的去除，出水水质好，剩余污泥少。

2. 氧化沟的技术特点

(1) 构造形式的多样性。沟渠可以是圆形和椭圆形，可以是单沟，也可是多沟。多沟系统可以是一组同心的相互连通的沟渠 (如奥贝尔氧化沟)，也可以是相互平行，尺寸相同的一组氧化沟 (如三沟式氧化沟)；可以同二沉池合建，也可以与二沉池分建，如果采用间歇式运行方式，则取消二沉池。多样的结构形式，给予氧化沟灵活机动的运行方式。

(2) 曝气强度的可调节性。通过出水堰口的调节改变沟渠内的水深，一是改变曝气装置的淹没深度，对水流速产生调节作用；二是通过调节曝气器的转速来改变曝气强度和推动力。

(3) 曝气设备的多样性。不同的氧化沟的形式，可采用不同的曝气方式，常用的设备有转刷、转碟及其他的表面曝气设备和射流曝气器等，不同的曝气设备表现不同的氧化沟的池型。

---

① 李亚峰，晋文学，陈立杰. 城市污水处理厂运行管理 [M]. 北京：化学工业出版社，2016：66-95.

（4）具有推流式活性污泥法的特征。每条沟渠的流态具有推流式的特征，进水经曝气至出水的过程中形成良好的絮凝体可以发挥较好的除磷作用，还可以使氧化沟交替出现缺氧—好氧状态来实现硝化和反硝化作用，最终实现脱氮目的。

（5）可以简化处理工艺。氧化沟的水力停留时间和泥龄比较长，有机物氧化较彻底，一般不设二沉池，还由于该工艺污泥负荷较低，经历了硝化处理，泥量较少且污泥性质稳定，一般不设污泥厌氧消化系统，如果采用交替式氧化沟（间歇式运行方式）或一体式氧化沟可不设二沉池，从而使得处理流程更简单。

（二）常见氧化沟工艺的运行管理

1. 奥贝尔氧化沟工艺

奥贝尔氧化沟是多级氧化沟，一般由三个同心椭圆形沟道组成，三沟容积分别占总容积的 60%~70%、20%~30% 和 10%，污水由外沟道进入，与回流污泥混合，由外沟道进入内沟道再进入内沟道，在各沟道内循环数十到数百次，相当于一系列完全混合反应器串联在一起，最后经中心岛的可调堰门流出至二沉池。在各沟道横跨安装有不同数量水平转碟曝气机，进行供氧和较强的推流搅拌作用。使污水在系统中经历好氧—缺氧周期性循环，从而使污水得以净化。

（1）奥贝尔氧化沟工艺特点。奥贝尔氧化沟在时间上和空间呈现出阶段性，各沟渠内溶解氧呈现出厌氧—缺氧—好氧分布，对高效硝化和反硝化十分有利。第一沟内低溶解氧，进水碳源充足，微生物容易利用碳源，自然会发生反硝化作用既硝酸盐转化成氮类气体，同时微生物释放磷。而在后边的沟道溶解氧增高，尤其在最后的沟道内溶解氧达到2mg/L左右，有机物氧化得比较彻底，同时在好氧状态下也有利于磷的吸收，磷类物质得以去除。

（2）奥贝尔氧化沟工艺系统运行中应注意的问题。值得注意的是，奥贝尔氧化沟三个沟渠内溶解氧的浓度是有明显差别，第一沟渠溶解氧吸收率较高，溶解氧较低，混合液经转碟曝气后溶解氧可能接近于零，可进行调整，溶解氧最好控制在0.5mg/L以下，最后沟渠溶解氧吸收率较低，溶解氧会增高，溶解氧最好控制在2mg/L左右，当DO低于1.5mg/L时，应进行调整。

奥贝尔氧化沟的结构形式使得该工艺呈现出推流式的特征，因此在保证各沟渠溶解氧要求的前提下，也要注意转碟搅拌和推流的强度，防止污泥在沟渠内的沉淀。

2. 交替式氧化沟工艺

常见交替式氧化沟有双沟式和三沟式两种，使用的曝气设备为转刷，由于双沟氧化沟的设备闲置率较高，三沟式氧化沟在实际应用较多。就三沟式氧化沟做简要说明如下：

　　三沟式氧化沟由三个相同的氧化沟组建在一起作为一个处理单元，三沟的邻沟之间相互贯通，两侧氧化沟可起到曝气和沉淀的双重作用。每个池都配有可供进水和环流混合的转刷，自控装置自动控制进水的分配和出水堰的调节。污水在沟渠反复循环即三沟交替运行过程得到净化。

　　（1）三沟式氧化沟的特点。三沟式氧化沟具有传统活性污泥法和生物除磷、脱氮的两种运行方式，具有序批式活性污泥法的运行方式，不设一沉池和二沉池，工艺流程简单。在生物除磷和脱氮时，曝气转刷低速运行，只起到搅拌作用，保持沟内的污泥呈悬浮状态，通过控制转刷的转速实现好氧—缺氧状态的改变，达到除磷和脱氮的目的。

　　（2）三沟式氧化沟的运行管理。

　　第一，污水进入第1沟，转刷低速运行，污泥在悬浮状态下环流，DO应控制在0.5mg/L以下，确保微生物利用硝态中的氧，使其硝态氮还原成N_2，同时自动调节出水堰上升；污水和活性污泥进入第2沟，第2沟内的转刷高速旋转，混合液在沟内保持环流，DO应控制在2mg/L左右，确保供氧量使氨氮为硝态氮；处理后的水进入第3沟，第3沟的转刷处于闲置状态，此时只作沉淀，实现泥水分离，处理后的水通过降低的堰口排出系统。

　　第二，污水入流由第1沟转向2沟，此时第1、2沟的转刷高速运转，第1沟由缺氧状态逐渐变为好氧状态，第2沟内的混合液进入第3沟，第3沟仍作为沉淀池进行泥水分离，处理后的出水由第3沟排出系统。

　　第三，进水仍然进入第2沟，此时第1沟转刷停运，进入沉淀分离状态，第3沟仍然处于排水阶段。

　　第四，进水从第2沟转向第3沟，第1沟出水堰口降低，第3沟堰口升高，混合液第3沟流向第2沟，第3沟转刷开始低速运转，进行反硝化出水从第1沟排出。

　　第五，进水从第3沟转向第2沟，第3沟转刷高速运转，第2沟转刷低速运转实现脱氮，第1沟仍然作沉淀池，处理后的出水由第1沟排出系统。

　　第六，进水仍进入第2沟，第3沟转刷停止运转，三沟由运转转为静止沉淀，进行泥水分离，处理后的出水仍由第1沟排出，排水结束后进入下一个循环周期。

第三节　城市污水处理厂的计算机控制系统

　　当今城市污水处理厂正朝着大型化、现代化和精密化的方向发展，工艺处理过程也日趋复杂，对处理水质也提出了更高的要求，这些都对其运行管理与过程控制提出了越来越高的要求，传统的控制方式已不能满足现代化污水处理厂的控制要求。由于计算机具有运算速度快、精度高、存储量大、编程灵活以及有很强的通信能力等，近年来，计算机在污水处理厂的运行管理与过程控制中发挥越来越大的作用。污水处理厂中的计算机控制系统就是利用计算机高速处理信息和信息存储量极大的优异功能，对处理过程的信息进行记录、监视和控制等。它一般是由中央处理单元（即 CPU，包括存储器、运算器和控制器）、接口与输入输出通道、通用外部设备以及各种传感器、变送器与执行机构等硬件和各种系统软件与控制软件等构成。

一、计算机控制系统的组成与特点

（一）计算机控制系统的组成

含有计算机并且由计算机完成部分或全部控制功能的控制系统，就叫计算机控制系统。计算机控制系统是建立在计算机控制理论基础上的一种以计算机为手段的控制系统。若计算机是微型机，则称微型计算机控制系统。

计算机控制系统是由计算机和被控制对象组成，其中的计算机又由硬件和软件组成，硬件包括主机、通用外部设备、接口与输入输出通道；软件包括各种系统软件和应用软件；被控对象包括生产过程、检测元件和执行机构。

（1）主机。主机是整个控制系统的指挥部，通过接口可向系统的各个部分发出各种命令，同时对系统的各参数进行巡回检测、数据处理、控制运算、报警处理、逻辑判断等。

（2）通用外部设备。通用外部设备主要是为了扩大主机的功能而设置的，用来显示、打印、存储和传递数据等，如电传打印机、CRT 显示终端、纸带机、磁带录音机和磁盘驱动器、光盘驱动器、声光报警器等。这些设备就像计算机的"眼、耳、鼻、舌和四肢"一样，有力地增强了计算机的控制功能。

（3）接口。接口是主机与被控对象进行信息交换的纽带。主机输入数据或者向外部发布命令都是通过接口进行的。根据功能及传送数据的方法可分为：①并行接口，如 PIO；②串行接口，如 SIO；③直接数据传送，如 DMA；④实时时钟，如CTC。

（4）输入输出通道。输入输出通道是计算机与被控制对象之间信息传递的通道，也相当于计算机与过程间的专用接口。由于计算机只能接收数字量，而一般被控对象的连续化过程大都是以模拟量为主，因此，为了实现计算机控制，还必须把模拟量变成数字量或把数字量再转换成模拟量，如 A/D、D/A 转换器。还有开关量（脉冲）

输入和输出。

（5）检测仪表和执行机构。为了测量和收集各种参数，必须使用各种传感器、变换器等检测仪表设备。检测仪表和执行机构的主要功能是把被检测参数非电量转变为电量，如压力变送器把压力变成电信号等。这些信号转换成统一的计算机标准代码后再送入计算机。因此，检测仪表精度直接影响计算机控制系统的精度。在控制系统中，还有对被控对象直接起控制作用的执行机构，常用的控制机构有电动、液动和气动等控制形式，如污水处理厂中常用的计量泵、变速电机和调节阀等。

（6）操作台。操作台是人机对话的联系纽带。通过人的操作，可以向计算机输入程序，修改内存的数据，显示被检测参数值以及发出各种操作命令，对被控对象实施有效的控制等。操作台主要由作用开关（包括电源开关、数据与地址选择开关、手动/自动等操作方式选择开关等）、功能键、CRT 显示和数据键等组成。

(二) 计算机控制系统的特点

（1）输入、输出计算机的信号。均为二进数字信号，因此，需要 D/A 和 A/D。A/D 和 D/A 两个转换过程将对系统的静态和动态性能产生影响。这是计算机控制系统碰到的一个特殊问题。

（2）控制信号。通过软件加工处理，充分利用了计算机的运算、逻辑判断和记忆功能，因而改变控制算法只要改编程序而不必改动硬件电路。

由于上述两个基本特点，给计算机控制系统带来了一些崭新的设计方法。

控制用的计算机主要对被控制对象的生产过程进行实时控制，一般是连续功能的，且现场条件远不如实验室，计算机故障对整个系统有重大影响，因此，与一般科学计算或数据处理计算机相比，对控制计算机有特殊要求：可靠性高、环境适应性强、实时性好、有较完善的 I/O 通道设备、有完善的软件系统、有较强的中断处理功能，对字长、速度和内存容量要求不算太高。

从信息转化与使用角度看，计算机控制系统的控制过程可归纳为三个方面：①实时数据采集，即对被控制量的瞬时值进行检测和输入；②实时决策，对实时的设定值和被控制的数值进行控制规律运算，决定下一步的控制过程；③实时控制，根据决策，适时地对执行机构发出控制信号。

上述的实时概念是指信号的输入、计算和输出都要在一定的时间（采样间隔）内完成。越过了这个时间就失去了控制的时机，控制也就失去了意义。实时的概念也不能脱离具体过程，例如，对炉温和液位控制，在几秒之内完成一个上述周期，仍认为是实时的，而对一个火炮控制系统，当目标状态变化时，必须在几毫秒之内及时控制，否则就不能击中目标了。对以城市污水处理厂为代表的生物处理过程的控制，在几秒甚至更长时间内完成一个上述周期，也是实时的。

虽然被控制对象、被控制参数和控制计算机的硬件设备千差万别、种类繁多，但从计算机控制系统的结构来说，主要有两种形式：输出反馈型和状态反馈型。前者适用于经典控制理论为基础的控制方法，后者适用于现代控制理论为基础的控制方法。

二、计算机控制系统的类型

计算机控制系统与被控制对象密切相关。计算机控制系统有若干类型，其采用的类型主要取决于被控制对象的复杂程度、控制要求和现实条件等。计算机控制系统一般可按系统的功能分类，也可按控制规律来分类，按功能分类的计算机控制系统如下：

（一）操作指导控制系统

操作指导控制系统又称数据处理系统或数据采集与处理，也叫巡回检测与数据处理系统。

（1）操作指导控制系统的工作原理。在计算机的指挥下，定期地对生产过程的参数做巡回检测，并对其进行处理、分析、记录及参数越线报警等。

（2）操作指导控制系统的特点。计算机不直接参与过程控制，而是由操作人员（或别的控制装置）根据测量结果改变设定值或进行必要的操作。计算机的结果可以帮助、指导人的操作。

（3）操作指导控制系统的优点。操作指导控制系统的优点主要包括：①一台计算机可代替大量常规显示和记录仪表，从而对整个被控制对象过程进行集中监视；②对大量数据集中进行综合分析处理，得到更精确更需要的结果，对指导生产过程有利；③在计算机控制系统设计的初始阶段，尚无法构成闭环系统，可用 DPS 来摸清系统的数学模型、控制规律和调试控制程序。

（二）直接数字控制系统

直接数字控制系统简称 DDC 系统。

（1）直接数字控制系统的结构。直接数字控制系统是由被控制对象（过程或装置）、检测仪表、执行机构（通常为调节阀）和计算机组成。

（2）直接数字控制系统的工作原理。直接数字控制系统是用一台计算机对多个被控制参数进行巡回检测，检测结果与设定值进行比较，再按已确定的控制规律（如 PID 规律或直接数字控制方法）进行控制计算，然后输出到执行机构对被控制对象进行控制,使被控制参数稳定在设定值上。

(3)直接数字控制系统的特点。直接数字控制系统与DPS相比,其特点包括:①计算机参与了直接控制,系统经计算机构成了闭环,而DPS是通过人工或别的装置来控制,计算机与对象未形成闭环;②设定值是预先设定好后送给或存入计算机内的,控制过程中不变化。

(4)直接数字控制系统的优点。一台计算机可以取代多个模拟调节器,非常经济。不必更换硬件,只要改变程序(或调用不同子程序)就可以实现各种复杂的控制规律(如串级、前馈、解耦、大滞后补偿等)。灵活性大,可靠性高,用它可以实现各种比较复杂的控制规律,如串级控制、前馈控制、自动选择控制以及大滞后控制等。正因如此,DDC系统得到了广泛的应用。

(三)计算机监督控制系统

计算机监督控制系统简称SCC(supervisory computer control)系统,又称设定值控制(set point control, SPC)。

(1)计算机监督控制系统的工作原理。在计算机监督系统中,不断检测被控制对象的参数,计算机根据给定的工艺数据、管理命令和控制规律(如过程的数学模型),计算出最优设定值传送给模拟调节器或DDC计算机,最后由模拟调节器或DDC计算机控制生产过程。从而使生产过程处于最优工作情况。

(2)计算机监督控制系统的特点。SCC系统较DDC系统更接近被控制过程变化的实际情况,它不仅可以进行设定值控制,而且可以进行顺序控制、最优控制与自适应控制等。但是,由于被控制过程的复杂性,其数学模型的建立比较困难,所以,如果此时根据数学模型计算最优设定值,很难实现SCC系统。

(3)计算机监督控制系统的优点。计算机监督控制系统能根据工况变化,改变给定值,以实现最优控制;SCC+模拟调节器法适合于老企业改造,既用上了原来的模拟调节器,又用计算机实现了最佳给定值控制;可靠性好。SCC故障时可用DDC或模拟调节器工作,或DDC故障时用SCC代之,仍有DDC的优点。

(四)分布式控制系统

分布式控制又称综合—分散控制系统,简称集散系统,是20世纪70年代发展起来的大系统理论,也称为第三代控制理论。由于有的被控制过程很复杂,设备分布又很广,其中各工序、各设备同时并行地工作,而且基本上是独立的,故系统比较复杂。大系统理论是把一个状态变量数目很多的大系统分解为若干个子系统,以便于处理。它以整个大系统的优化为目标,如产量最高、成本最低、能耗最低等。

因为整个系统的优化并不完全等于各个子系统的分别优化的简单叠加。分布式控制系统是目前国际上出现的最好的控制方式。

（1）分布式控制系统的结构。分布式控制系统是以微型计算机为主的连接结构，主要考虑信息的存取方法、传输延迟时间、信息吞吐量、网络扩展的灵活性、可靠性与投资等因素。常见的结构有：分级式、完全互连式、网状（部分互连式）、星状、总线式、共享存储器式、开关转换式、环型、无线电网状等结构型式。

（2）分布式控制系统的特点。

第一，分散性。这有两层含义：一是控制功能上的分散，各基本控制器控制不同的参数或对象；二是地理位置上的分散，各控制单元可分散在现场。因此，这种系统结构灵活，可采用积木式，即组合组装式，以便于扩展；另外可靠性高，现场某一控制单元出现问题不至影响其他，将单一计算机集中控制中的"危险集中"化为"危险分散"，而且备用控制单元可随时切入。

第二，集中性。用集中监视和操作，代替庞大的仪表屏，故而灵活方便。

第三，有通讯功能。

（3）分布式控制系统的优点。分布式控制系统的优点主要包括：①有很高的可靠性，由于各种控制功能分散，每台微机的任务相应减少，功能更明确，可靠性提高；②系统模块化，组成灵活，设计、开发和维护简便。这是由分布式控制系统的结构特点决定的；③功能强、速度快，它能控制传感器和执行机构，实现控制算法，实现人机对话，有通讯功能进行信息交流，打印与显示数据，能进行自诊和错误检测等。

三、计算机控制系统的规划与设置

在进行污水处理厂计算机系统的设计与规划时，应当充分考虑处理厂规模与总体规划、平面布置、工艺特点、管理体制、操作人员的技术水平、投资、监视控制方式、投资与分期建设设施等各方面的情况。然后再研究选择什么样的控制系统最合适，什么样的控制方式及设备最好。在这里，首先应明确应用计算机系统的目的和作用。

（一）计算机控制系统的目的与作用

将信息处理作为在线实时处理时，应当达到的目的包括：改善工作条件，减轻劳动强度和提高工作效率与质量；节省能源和劳动力，减少运行管理费；提高处理效率和可靠性；通过收集正确的资料及对其分析，掌握处理特性；有利于技术改造和设施的扩建与改造。

计划采用计算机控制时，应从上述内容中确定重点目标，充分论证为达到预期目的，选择必要的合适的控制系统。此后的硬件与软件的维护管理，软件补充与完善等工作也是必不可少的，因此，必须全面考虑操作人员的技术培训等方面的问题。

(二) 计算机控制系统结构的类型

系统结构的分类方法有若干种，但是，对于污水处理厂的计算机控制系统来说，主要有以下分类方法：

1. 按功能分类的系统结构

(1) 只利用计算机记录功能的系统。仅仅是为了节省人力，从单纯操作到开放充分利用收集的数据。这时利用工业用的微型计算机构成系统是经济的。

(2) 开始仅用记录功能，随着污水流量的增加和扩建计划的实施，逐渐完善计算机的监视和控制系统。这是由于污水处理厂建成通水后，往往进水量很少，供控制用的数据不足，而不得不采用数据记录系统。此后，为了开发与完善控制软件，尽可能多存储数据，便于以后扩充计算机控制系统用。

(3) 一开始就具备记录、监视和控制功能。对于具备记录、监视和控制等全部功能的计算机控制系统，当污水处理厂建成通水的初期，可以减少一些控制功能，而随着污水量的增加，再增加水质的控制、设备管理和诊断等功能。尽管有污水处理厂仅规划了量的控制内容，但也应当考虑今后随着控制技术和水质传感器的开发，必须实现质的控制。在这种情况下，尤其要考虑当初规划的计算机软件与硬件很容易扩展。

2. 按可靠性分类的系统结构

采用计算机控制系统时，为了提高系统整体的可靠性，必须有备用系统。备用系统的分类主要包括：①利用手动操作的备用系统；②利用其他工业仪表设备来完成记录和控制的备用系统；③具有备用装置的备用系统；④联合使用上述备用系统。

在由一台计算机构成的单一系统中，一般用手动操作或模拟工业仪表作备用。与此相反，使用多台计算机作为备用系统时，有并联系统或待机系统。对于城市污水处理厂，为了减少系统故障时的影响范围，按功能将计算机分散设置，分为横向分散系统和纵向分散系统。

(三) 计算机控制系统的设置条件

为了充分发挥计算机系统的功能，应当在计算机室安装空调设备。在设计与布置计算机及其附属设备时，在研究了每台机器的具体布置之后，还要注意的问题包括：①温度范围、温度梯度和温度差；②湿度范围；③防止尘埃和腐蚀性气体的进入；④防震范围。

在设计空调设备时，应当考虑到空调设备出现故障时采用其他空调设施作为备用。此外，在满足计算机电源规定的同时，与其他用电器共用电源的情况下，应设法避免产生高频噪声等影响。

四、计算机控制系统的设备选择

用于污水处理厂作为监视控制的计算机中，按信息处理量来划分有小型机和微型机，从利用方式来看有个人计算机和工作站等。应当根据所要求的使用目的和功能选择最合适的机种。

（1）满足监视、记录和控制等方面要求的存储能力和计算速度。为了确定合适的存储容量和计算速度，制定出一个包括将来扩建内容的工艺流程图，据此来研究和确定计算机的种类与规格。此外，还应了解在将来扩建计划中有无以下项目：

第一，扩大其监视报警范围。

第二，增加和改变制表项目与内容。

第三，提高包括模拟和人工智能应用系统在内的控制功能和增加控制项目。

第四，采用设备管理和诊断系统。

第五，建立污水处理厂内的网络。

（2）与计算机相适应的软件数量和内容。一般来说，计算机类型的限定范围和存储容量及计算速度都取决于其使用目的。如果根据硬件限定计算机类型，那么用这种计算机进行监视、记录和控制等使用目的相适应的软件系统应当完备。如果选择具有较完善的污水处理检测、监视和控制等应用软件的计算机，那么建立监视控制系统也很容易。

软件大致可分为操作系统（operating system，OS）、系统软件和应用软件。OS的功能主要是对计算机及其外围设备进行有效管理，其中包括对硬件的管理、文件、程序和数据的管理等。系统软件起到 OS 和应用软件之间的界面作用，其功能是为了便于程序设计、进行各种界面处理与通讯处理等。应用软件是为了解决用户的问题而开发的软件，在这里，污水处理厂与泵站的监视控制与各种制表等软件都属于应用软件。

作为控制用的计算机操作系统，当一边进行数据分析，一边还要进行输入输出处理等和来自过程外部的数据处理的情况下，应当具有快速响应的实时控制功能。

信息处理系统应当对污水处理厂工艺过程及其检测与控制等方面的业务变化有较强的适应能力。因而应用软件也应当符合结构化程序化设计的原则，具有单纯化、模块化和表格化的结构，以适应输入输出和计算方法等变化时需要修改程序的要求。

另外，有时需要增加或改变 CRT 图像和表格等，为了适应上述变化，也应当准备好有效的软件工具。

如果对于将来增加和更新系统而言，考虑到作为资源的软件的经济性，最好尽可能开发具有通用性和互换性的应用软件。

（3）外部设备的使用目的和对系统功能的适应性。计算机外部设备应当为达到信息处理系统的目的服务，但也同时应当尽可能简化这些设备，以便充分利用它们，而且也应当注意有利于其维护管理。因此，在设计与安装这些设备时，应当考虑输入输出设备的使用目的和对整个计算机系统的适应性。

第四节　城市污水处理厂运转设施的运行管理

一、城市污水处理厂鼓风机房的运行管理

鼓风机房是向生化池曝气系统鼓风通氧的设施，鼓风机是生化系统的关键设备，是将空气中氧通过曝气器传送到生化池中，为活性污泥进行代谢提供氧气，保持其良好的生理代谢，从而活性污泥起到处理污水的作用。

鼓风机供气系统是由鼓风机、输气管道和曝气器等部件组成。

鼓风机有两类：一是罗茨鼓风机；二是离心鼓风机。

曝气器有多种类型：穿孔管曝气、散流式曝气器和微孔曝气器等。

鼓风机供气系统供气的作用如下：

（1）供氧。在生化池内产生并维持空气与水的接触，在生物氧化作用不断消耗氧气的情况下保持水中有一定的溶解氧。

（2）混合作用。除供氧量满足生化池设计负荷时的生化需氧量外，促进水的循环流动，实现活性污泥与污水的充分混合。

（3）保持悬浮状态。维持混合液具有一定的运动速度，使混合液始终不产生沉淀，防止出现局部污泥沉积，堵塞曝气器现象的发生。曝气装置是活性污泥系统的主要设备，要求供氧能力强，搅拌均匀，结构简单，性能稳定，耐腐蚀，价格低廉。

二、城市污水处理厂消毒设施的运行管理

城市污水中含有大量的细菌，其中一部分为病原菌，例如伤寒杆菌、痢疾杆菌和霍乱杆菌等均为常见的在污水中传播的病菌。另外，蛔虫、血吸虫等寄生虫以及脊髓灰质炎、肝炎病毒也在污水中传播。因此，在城市污水处理工艺流程中，一般

都设消毒工艺，有液氯、二氧化氯、臭氧和紫外线消毒，一般采用加氯消毒。

(一) 加氯消毒的原理与影响因素

加氯消毒是指向污水中加入液氯，杀灭其中的病菌和病毒，氯在常温下是一种汽化的气体，为便于运输、贮存和投放，将氯气在常温下加压到 0.8～1.0MPa 可变成液态，即加氯消毒中采用的液氯[①]。

氯消毒利用的不是氯的本身，而是氯与水发生反应生成的次氯酸。次氯酸分子很小，具有不带电中分子性，可以扩散到带负电荷的细菌细胞表面，并渗入细胞内利用氯原子的氧化作用破坏细胞的酶系统，使其生理活动停止，导致死亡。

加氯系统包括加氯机、接触池、混合设备及氯瓶等部分。加氯机有转子加氯机、真空加氯机、随动加氯机。接触池的作用是使氯及水有较充足的接触时间，保证消毒作用的发挥，一般接触池停留时间为 0.5h。

(二) 加氯间的防护措施

(1) 经常接触氯气的工作人员对氯气的敏感程度会有所降低，即使在闻不到氯味的时候，就已经受到伤害，因此值班室要与操作室严格分开，并在加氯间安装监测及报警装置，随时对氯的浓度跟踪监测。在设有漏氯自动回收装置的加氯间，加氯系统工作时，加氯间氯瓶内装有氯气，自动漏氯吸收装置都应处在备用状态，一旦漏氯量达到规定值时，漏氯装置自动投入运行。维护人员定期对漏氯吸收系统进行维护，对碱液定期进行化验。

(2) 加氯间外侧要有检修工具、防毒面具、抢救器具，照明和风机的开关要设在室外，在进加氯间之前，先进行通风，加氯间的压力水要保证不间断，保持压力稳定。如果加氯间未设置漏氯自动回收装置，加氯间要设置碱液池，定期检验碱液，保证其随时有效。当发现氯瓶有严重泄露时，运行人员戴好防毒面具，及时将氯瓶放入碱液池。

(3) 加氯间建筑要防火、耐冻保温、通风良好，由于氯气的相对密度大于空气的相对密度，当氯气泄漏后，会将室内空气挤出，在室内下部积聚，并向上部扩散，加氯间要安装强制通风装置。设有自动漏氯回收装置的加氯间，当发生氯气泄漏时，轻微的漏氯可开启风机换气排风，漏氯量较大时自动漏氯回收装置启动，此时应关闭排风，以便于氯气的回收，同时防止大量氯气向大气扩散，污染环境。

(4) 当现场有人中毒，将中毒者移至有新鲜空气的地方，呼吸困难者应吸氧，

① 李亚峰，晋文学，陈立杰．城市污水处理厂运行管理 [M]．北京：化学工业出版社，2016：95-104．

严禁进行人工呼吸。可用2%的碳酸氢钠溶液洗眼、鼻、口，还可使中毒者吸入5%雾化碳酸氢钠溶液。

(三) 液氯的使用注意事项

液氯通常在钢瓶中储存和运输，使用时将液氯转化氯气加入水中。

(1) 氯瓶内压一般为0.6~0.8MPa，不能在太阳下曝晒或接近热源，防止汽化发生爆炸，液氯和干燥的氯气对金属没有腐蚀，但遇水或受潮腐蚀性能增强，所以氯瓶用后应保持0.05~0.1MPa的气压。

(2) 液氯变成氯气要吸收热量，在气温较低时，液氯的气化受到限制，要对氯瓶进行加热，但不能用明火、蒸汽、热水，加热时不应使氯瓶温升太高或太快，一般用15~25℃温水连续喷淋。

(3) 要经常用10%的氨水检查加氯机、汇流排与氯瓶连接处是否漏气。如果发现加氯机，氯气管有堵塞现象，严禁用水冲洗，在切断气源后用钢丝疏通，再用压缩空气吹扫。

(4) 开启氯瓶前，要检查氯瓶放置的位置是否正确，保证出口朝上，既放出的是氯气而不是液氯，开瓶时要缓慢开半圈，随后用10%氨水检查接口是否漏气，一切正常再逐渐打开，如果阀门难以开启，绝不能用锤子敲打，也不能长扳手硬扳，以防将阀杆拧断，如果不能开启应将氯瓶退回生产厂家。

(四) 加氯间安全操作规程

(1) 加氯前的检查准备工作。加氯前的检查准备工作主要包括：①准备好长管呼吸器，放置在操作间外，并把呼吸器的风扇放在上风口，备好电源；②打开加氯间门窗进行通风，检查漏氯报警器及自动回收装置电源供电是否正常；③打开离心加压泵，使水射器正常工作，打开加氯机出氯阀，检查加氯机上压力表能否达到20~80kPa。

(2) 加氯操作步骤。

第一，用专用扳手 (小于10寸) 打开氯瓶总阀后用10%氨水检查接口是否泄漏 (如有泄漏氨水瓶口会有白色烟雾)。如不泄漏，依次打开角阀，汇流排阀并依次用氨水检验接口。如有氯气泄漏，需关闭氯瓶总阀对泄漏处重新更换铅垫，重新接好再用氨水检查。

第二，查看汇流排上压力表是否正常，如正常，将自动切换开关打到手动挡，选择将要加氯的汇流排A或B，将此开关打到OPEN位置，打开加氯机的进气阀，将加氯机的控制面板上按钮调整到手动状态，根据计算好的加氯量调节流量计上部黑色手动旋钮，开始加氯，如加氯量达不到要求，可同时多开几个氯瓶。

第三，运行中定时检查流量计浮子位置和汇流排上的压力表，使氯瓶中保持一定的液氯量，如降到一定值时关闭总阀，如需要打开另一组汇流排。

（3）加氯结束时操作步骤。加氯结束时操作步骤主要包括：①停止加氯时，先关闭氯瓶总阀；②查看汇流排上的压力表直至归零，确定加氯机流量计无氯气后，依次关闭氯瓶角阀、汇流排阀，将自动切换开关打到 CLOSE 位置。关闭加氯机进气阀，关闭加氯机手动旋钮，最后关闭水射器及离心加压泵。

（4）更换氯瓶时注意事项。安装新氯瓶时，应使氯瓶两个总阀连线与地面垂直，并且出口端要略高于底部。同时，注意氯瓶底部的安全阀不能受挤压，氯瓶不能靠近任何热源。

（5）加氯间的防范措施。加氯间的防范措施包括：①除必要的专用工具外，应备有氯瓶安全帽、大小木塞等用于氯瓶堵漏，应备有细铁丝用于管道清通；②要备有自来水源，用于除霜；③要有灭火器，放置在加氯间的外侧；④加氯间长期停置不用时，应将装满液氯的氯瓶退回厂家。

（五）加氯量的控制

污水处理过程中有三种消毒方式：初级处理出水＋加氯消毒→排放水体；二级处理水＋加氯消毒→排放水体；深度处理出水＋加氯消毒→进入污水回用系统。由于二级出水和深度处理污水中污染物浓度及种类和细菌数量不同，其加氯差别很大，这里着重介绍二级出水加氯的控制。

一般城市污水处理二级进行加氯消毒在夏季进行。传染病流行时期，为减少疾病的流行必须启动消毒装置。通过严格控制加氯量，在保证消毒效果的前提下，使致癌物的产生及对水生物的影响降到最低限度，二级出水加氯消毒，可以在出水中保持余氯浓度，以实际消毒计量为加氯控制指标。二级出水加氯消毒之后，要保持一定余氯浓度，加氯控制在 10 ~ 15mg/L。当不需要保持余氯浓度时，二级出水加氯量一般控制在 5 ~ 10mg/L。

第六章　城市污水处理系统的智能控制管理与应用

城市污水是造成水体污染的重要污染源，对城市污水进行妥善的收集、处理和排放，同时建立城市污水处理系统智能控制十分重要。本章探索城市污水处理过程控制系统架构、城市污水处理系统微生物种群的优化、城市污水处理系统中神经网络的应用。

第一节　城市污水处理过程控制系统架构

一、污水处理系统的过程控制目标

污水处理系统的日处理污水量巨大，进水水质和水量波动很大，存在着许多干扰，主要原因包括：①污水处理过程是个复杂的非线性系统，简单的控制器很难发挥有效作用；②污水处理厂内部不同处理单元之间存在复杂的相互作用；③排水管网污水处理厂和受纳水体之间，也存在复杂的关系；④设计者并未考虑污水处理系统需要灵活运行，使得污水厂可控性较差；⑤污水中污染物的浓度有时非常小，这对测量仪表是个极大的挑战；⑥当前某些测量仪表还过于昂贵；⑦处理的污水并未充分利用，因此不能发挥其经济效益。以上这些特性使得污水处理厂的运行与设计相去甚远，难以控制。

另外，污水处理系统的微生物种群不但数量大，而且变化迅速，很难有效控制；泥水混合液的分离容易受到干扰，经常出现泥水分离问题；污水排放标准越来越严格，并且需要现场测定。以上种种原因使得污水处理系统的控制实现起来非常困难，而"抗干扰"是其主要控制目标，从而维持系统稳定运行。

(一)污水处理系统的总体控制目标

污水处理系统的总体控制目标可以分为：社会目标、工艺目标、运行目标。

(1)社会目标。保护污水处理厂周围的环境，提高和保护人民的生活环境和社会环境。

（2）运行目标。虽然所有污水厂的处理目标是相同的，但是一般而言，不同的污水厂，由于进水及受纳水体不同，其具体的运行目标也不同。污水处理厂的运行一般都要满足的运行目标包括：系统中要维持一定量的活性微生物；维持泥水液良好的混合；合适的运行负荷；适当的曝气量和 DO 浓度（溶解氧含量）；良好的沉淀性能；避免沉淀池超负荷运行；避免在沉淀池中发生反硝化。

（3）工艺目标。

1）出水达标排放。不同历史时期污水处理厂都会制定相应的出水排放标准，并且逐步严格，这就要求确定相应的运行操作方法来保证出水达到或接近法规的要求。

2）具有较强的抗干扰能力。要求能熟练地调整污水处理厂的运行操作条件，以适应随机变化的外界干扰因素，保持出水水质达标，使之既符合法规要求，又在允许的排放标准之下。如果运行系统不具备较强的抗干扰能力，出水不达标，那么就不得不投入大量的人力和物力进行污水厂的扩建以满足排放标准。因此，污水处理厂本身的运行操作一定要具有较强的抗干扰能力。

3）优化运行、降低运行费用。污水处理厂的费用主要由基建投资、日常消耗的化学药品、运行管理费用、人工费用等组成。

污水处理厂运行的首要目标就是保证其正常运行，这也是运行管理人员的主要责任。维护污水处理厂的高级设备和仪表，使其正常运转，检测运行过程中出现的问题。虽然污水处理厂控制水平近年来有了极大提高，但从精确控制的角度而言，当前污水处理厂的控制并非特殊的高级控制而是传统的一般控制。目前只是维持污水处理厂的正常运行，并简单地记录出水水质，因为污水处理厂运行管理人员对污水处理厂的工艺知识知之甚少。大多数运行操作人员在设计和运行管理方面都需要咨询专家。

传统提高污水厂抗干扰能力的一般处理办法是在设计时增大反应器容积、运行中增大曝气量和化学药剂投加量等。结果就是大多数污水处理厂的规模过大，运行费用大大增加。

污水处理厂是一个复杂的动态运行系统。任何时候都要始终如一地保持稳定达标的出水。如果反应器的体积不足够大，可采取控制系统将干扰最小化，确保系统稳定运行。充分利用反应器体积最大程度去除污染物质就是要进行"控制"，达到"干扰衰减"以及"干扰抑制"的目的。如果反应器体积足够大，即使不采用高级控制，大多数干扰都可以得到衰减。如果进行控制，可提高反应器的处理能力，不需要扩建污水厂，也就意味着节省大量设计费用和基建费用。反应器处理能力提高的程度依赖于良好的运行操作。

污水处理中需要降低运行费用，包括曝气费用化学药剂费用、污泥处理费用、泵传输消耗的费用以及投加碳源的费用。当然，还包括控制系统本身的投资费用。

污水处理系统操作费用消耗较少的步骤包括：①剩余污泥的排放；②污泥回流；③阶段进水；④系统内部循环。曝气、化学药剂投加以及污泥处理过程运行费用较高。

(二) 污水处理系统不同单元的控制目标

污水处理厂由不同运行单元组成，下面详细介绍污水处理厂主要单元过程的运行操作问题，从而更好地了解不同单元所起到的作用，以实现系统的过程控制。

1. 厌氧区控制目标

生物除磷的关键在于厌氧区，在厌氧区聚磷菌吸收挥发性脂肪酸（VFA）将其转化为胞内聚合物聚羟基脂肪酸酯（PHA），该过程所需能量来自聚磷菌将体内的聚磷水解为可溶性正磷。废水中碳源的种类和数量将是生物除磷的一个限制因素，低 P/COD 对生物强化除磷（EBPR）系统是比较有利的。如果进水中易降解有机物（VFA）比较少，较好的解决办法就是在系统前增加厌氧区进行发酵产生 VFA。

在系统前增加一个独立的反应器进行发酵，或者利用初沉淀池进行发酵。这样产生的 VFA 就可以在后续的厌氧放磷区中得以使用。如果进水流量比较大，那么VFA 的形成就会受到限制，因为进水量较大，沉淀池中可能会带入氧气，从而影响发酵过程有时厌氧区中也会有氧气进入。要注意控制污泥在沉淀池中的停留时间。特别在夏季，生长比较缓慢的产甲烷菌会大量繁殖，此时一定要维持较短的停留时间，以确保产生甲烷现象不会发生。

补偿进水碳源不足的方法包括：①外加醋酸；②外加含易降解碳源的工业废水；③通过增加停留时间增加厌氧反应器中的水解和发酵程度。

随回流污泥进入到厌氧反应器中的硝酸氮对 EBPR 系统的生物除磷是不利的。在 DO、硝酸氮或者两者都存在时，其他细菌将优先竞争得到易降解有机物，而聚磷菌受到抑制。

2. 缺氧区控制目标

缺氧区的根本目的是：脱氮（DN）、氧化有机物。优势菌群是异养菌，在缺氧条件异养反硝化菌以硝酸氮为电子受体，有机物为电子供体从而出现脱氮。因此，DO要尽量维持在较低水平，如果 DO 存在，异养菌就优先利用 DO 作为电子受体，这时硝酸氮就不会被还原为氮气。

反硝化的重要作用包括：①可有效去除含碳有机物；②硝化导致 pH 下降，反硝化会部分补偿 pH 的下降。

从控制角度而言，需考察不同时间量程对反硝化过程的影响，从而实现系统的控制，对于反硝化一般考察三种时间量程：①以分钟计：控制反应速率，反硝化速率较快。有两个变量可以控制反硝化速率，进水中的 DO 浓度、进水中反硝化可利用的碳源。②以小时计：控制水力停留时间。前置反硝化系统的硝酸氮回流量很大，一般是进水量的数倍。进水流量和污泥回流量也会影响缺氧区的停留时间。③以天计：控制反应进程，反硝化效果可以用缺氧区出水硝酸氮随时间的变化曲线表示。在 SBR 法中硝酸铵浓度是时间的函数。

（1）控制缺氧区反应速率。即使反硝化反应器已经处于缺氧状态，各种干扰还是会影响反硝化环境。例如，混合液回流会带入 DO，它将迅速地影响缺氧反应器中的反硝化环境，进而影响反硝化速率。

在前置反硝化系统中存在从好氧区到缺氧区的硝化液内循环。内循环回流会从两个角度影响缺氧区的反硝化：①水力负荷，导致缺氧区水力停留时间缩短；②带入 DO，因为回流液来自好氧硝化区，一般 DO 浓度较高。进水中也可能有较高的 DO（下雨或冰雪消融时），同样会影响反硝化。

反硝化细菌要以有机物作为电子供体，因此，有机碳源应相对充足。前置反硝化系统中，有机碳源来自原水。在有机负荷较低时，须外投碳源，如甲醇或乙醇。在后置反硝化系统中必须投加碳源。

前置反硝化系统中内循环回流是一个快速过程。因此缺氧区进水硝酸氮浓度可以在几分钟内改变，从而快速地改变了反硝化反应时间。有多种方法可以估算反硝化速率，在序批式或推流式反应器中，可以测定硝酸氮浓度的变化，因此硝酸氮浓度可以作为控制参数。

氧化还原电位（ORP）可以用来控制反硝化过程。反硝化活性随着氧化还原电位的增高而降低。反硝化活性和 ORP 之间呈现近似线性关系。然而，在某些条件下，两者之间的关系并非线性，而且，不同污水处理厂的活性污泥其反硝化活性也不同，另外 ORP 仪的灵敏程度也不同。有些污水处理系统，随着 ORP 的上升，反硝化活性迅速下降；而对其他处理系统，反硝化活性却只有微小的变化。但是无论如何，有一个结论是相同的：DO 会抑制反硝化过程，即使其浓度非常低，低至用传统的 DO 探头无法测定。对一些污水处理厂而言，通过有效控制进入缺氧区的 DO，可以使反硝化速率增加至少两倍。当硝酸氮还原殆尽时，在 ORP 曲线上会出现"拐点"，这是系统由呼吸状态转向非呼吸状态的标志。

为了提高反硝化效果，可以采用两个控制思想：①尽量减少前置反硝化过程内循环回流中的 DO 浓度。在好氧区硝化所需的 DO 浓度和反硝化缺氧区所希望的限值之间找到一个折中值；②确定合适的碳源投加量是至关重要的。如果碳源不足，不仅会限制反硝化，还会影响活性污泥的性能，如反硝化很难造成污泥膨胀。如果碳源过量，在前置反硝化系统中，多余的碳源会在后续的好氧反应器中氧化掉，这额外增加了曝气能耗。外加碳源运行费用非常高，必须避免过量投加。在后置反硝化系统中，需增加再曝气池，以去除多余的有机物。

（2）控制水力停留时间。缺氧区的水力停留时间受所有进入缺氧区混合液的影响。缺氧区水力停留时间必须足够长，才能保证反硝化完全进行。在连续流污水处理系统，反应器的体积一般是恒定的。因此，为了确保缺氧区反硝化进行彻底，就得限制进入缺氧区的硝酸氮浓度，也就是降低硝化液回流量。

SBR 系统当硝酸氮浓度达到相当低的水平时，可以结束反硝化进入下一个反应阶段。在连续流活性污泥系统中，可以设置可耗氧或缺氧运行的过渡区，从而通过改变缺氧区的体积来适应硝酸氮负荷的变化。由于所有进入缺氧区的混合液都会影响水力停留时间。在前置反硝化系统中，可以调整硝化液回流量来适应进水量的变化，维持水力停留时间在期望值附近。

（3）控制反应进程。在缺氧区出口测定硝酸氮浓度就可以得知反硝化反应是否进行完全。碱度也可以反映反硝化的进程，通过测定 pH 可以显示反硝化进行得是否正常。与其他生化处理过程类似，pH 快速或缓慢的变化可表明是否有异常情况发生。

出水硝酸氮浓度受很多因素的影响。反硝化速率变化会导致硝酸氮浓度变化，停留时间较短将导致反硝化不彻底。可以调节内循环回流量来进行控制。

3. 好氧区控制目标

在废水生物处理系统的好氧反应区，有三个反应过程相互竞争：异养菌有机物去除过程、自养硝化细菌的硝化反应、聚磷菌吸磷过程。要同时满足这三者的要求的确很难，因为三者存在着竞争并且运行目标也相互矛盾。

好氧区运行目标是：去除尽可能多的有机物，将所有氨氮氧化为硝酸氮，将前面厌氧区释放出来的正磷酸盐全部吸收。还有一个重要的目标就是要创造适合菌胶团生长的环境，避免污泥膨胀，而且不希望出现泡沫和浮渣。

对好氧区而言，可以分成以下三个时间尺度：

第一，以分钟计——控制混合过程。通过控制供气量来控制 DO。它将影响去除有机物的异养菌和进行硝化的自养菌的呼吸速率。

第二，以小时计——控制水力停留时间和反应过程。进入好氧反应器的混合液将影响水力停留时间，并最终影响好氧区污泥浓度和底物浓度。控制不当会导致水力停留时间过长，污泥减少。

第三，以天和星期计——活性污泥微生物的生长。好氧反应器中 DO 水平以及呼吸速率都将明显地影响活性污泥絮体的形成。当 DO 或底物浓度过低时丝状菌会获得繁殖。活性污泥总量有赖于微生物的生长速率，而微生物的生长速率又依赖于 DO 和底物的水平。

（1）控制 DO 浓度。DO 浓度是目前最重要的控制变量。由于曝气过程中消耗了大量能量，它明显影响着污水处理厂的运行操作费用，所以一定要尽可能降低其费用。另外 DO 在空间和时间上的分布也是好氧区运行操作中需要考虑的。

DO 浓度必须足够高才能保证异养菌和自养菌的生长不会受到限制。一般而言，自养菌比异养菌对低 DO 更敏感。因此如何能获得一个既满足生化反应所需，同时运行费用又不太高的 DO 浓度很重要，也很困难。将 DO 看作一个物理变量进行 DO 浓度的控制并不需要了解太多的生化反应动力学知识，运行人员已经积累了大量关于 DO 控制的经验，在大多数情况下，都是使用传统的 PI 控制。然而，DO 控制还存在一些问题，如控制系统的非线性以及时变性，进水的随机干扰使得传统控制器变得很困难。

在活性污泥处理系统中，混合至关重要，曝气可以同时起到混合和供氧的作用。一方面，混合搅拌一定要充分，这样才能使 DO 和底物传输到活性污泥絮体；另一方面，混合搅拌过大将导致絮体的絮凝性能下降。因此，供气系统在曝气池中起到了至关重要的作用。混合搅拌的要求一般限定了 DO 的下限，DO 的上限是由供气系统本身的供气能力决定的。

一些系统用纯氧曝气而不是用空气曝气。由于 DO 的饱和浓度取决于 DO 的分压，用纯氧曝气可以明显地提高氧转移效率。在负荷过高的情形下，可以应用纯氧供气系统以增加反应器中的 DO 浓度。

总结 DO 控制的目标为：①维持 DO 处于较高的水平以满足有机物去除和硝化的需求量；②维持 DO 足够低以节能降耗，但是同时满足搅拌和混合的最低要求；③维持好氧区出水较低的 DO 浓度，从而降低硝化液回流中的 DO 浓度。

（2）控制生化反应过程。假定好氧区生化反应完全进行，在好氧区有两个操作变量：反应速率和停留时间。在生化反应过程中，硝化反应最慢。因此，出水氨氮和硝酸氮浓度可以显示反应是否进行完全。反应速率取决于 DO 浓度。很明显，通过测定出水氨氮浓度，来选择反应器中的 DO 设定值。

DO 设定值较高，可以加快硝化反应的进行。然而，好氧区 DO 浓度过高将影响反硝化反应降低缺氧区的反硝化速率。另外过量曝气使大量供气并未有效利用，从而造成浪费，这就要求我们必须尽可能地限制曝气，通过测定出水中氨氮浓度值，来选取合适的 DO 设定值。降低 DO 设定值不仅有利于缺氧区的反硝化，很多研究表明在硝化区（好氧区）存在同步硝化反硝化（SND）。因为活性污泥絮体的内部 DO 浓度是不同的。絮体中心的 DO 浓度最低，在絮体中心发生反硝化。SND 的出现不但可以提高系统脱氮效果，还可以节省运行费用。

吸磷反应由聚磷菌完成，其反应速率比硝化快，在硝化细菌结束硝化反应之前完成了吸磷反应。如果好氧区停止时间过长，细菌就会呈现饥饿状态，出现二次放磷，这不是我们所期望的。因此，控制合适的停留时间对生物除磷而言是很重要的。当然可以应用化学沉淀除磷，作为生物除磷的补充。无论哪种方法除磷，出水中磷的浓度都可以表示系统除磷的效果。为了提高除磷效果，降低投药费用，还要对化学药剂的投加进行控制。

曝气控制的指导思想为：①通过出水氨氮或硝酸氮浓度确定 DO 设定值，以保证充足的 DO；②控制曝气尽可能实现 SND；③如果出水磷的浓度过高，采用化学除磷进行补充。

（3）水力停留时间的控制。好氧区水力停留时间的变化会影响硝化反应的进程。由于水力停留时间的变化多是由于进水的波动引起的，因此，通过均化措施可以减少水力停留时间的变化，从而降低进水负荷变化对硝化过程的干扰。

SBR 反应器中水力停留时间受进水负荷的影响。通过监测硝酸氮的变化可以计算硝化速率，还可以计算硝化耗氧速率。曝气池和沉淀池之间污泥的分配受回流污泥量的影响，为了系统的优化运行，必须及时调整污泥回流量。一般的做法是污泥回流量不能太大，避免二沉池水力波动过大，影响泥水分离过程。同样，污泥回流量不能过小，不然沉淀池泥斗中的泥位过高，不能保证处理废水中污染物所需的活性污泥数量。

分段进水可以改变反应器内的污泥分布，应用分段进水，控制曝气，可以解决水力负荷过高或有机负荷过高等各种干扰。

曝气池水力停留时间的控制要求为：①为了削弱进水波动，水力停留时间一般越长越好；②在 SBR 中，可以通过监测出水氨氮和硝酸氮浓度来控制各反应阶段的时间长短；③通过调整污泥回流量可以维持曝气池和沉淀池中所需的活性污泥量；④阶段进水可以在一定程度上控制曝气池中活性污泥的分布。

（4）微生物生长的控制。活性污泥总量取决于微生物的生长速率以及剩余污泥排放量。一般通过排放剩余污泥来控制曝气池中的污泥总量，还有一部分污泥通过二沉池出水排放。污泥总量的增加速度不可能大于微生物的生长速度，污泥总量的增加通常要花费数天时间。

DO 浓度大小会影响微生物的生长。低 DO 和低底物将有利于丝状菌微生物生长。污泥膨胀导致污泥沉淀性能极差以至于出水无法达标。很多专家对污泥膨胀进行了深入的研究，但是至今仍不能有效克服污泥膨胀。污泥膨胀与丝状菌的生长有密切的关系。控制污泥龄和恒定污泥回流量都无法控制污泥膨胀，但分段进水和分段回流污泥可以有效地控制污泥膨胀。

好氧区长时间量程（微生物生长）的控制可总结为：①通过控制剩余污泥排放量来获得所需的污泥龄和总污泥量；②找到合适的 DO 浓度，以保证微生物的健康生长。

4. 二沉池控制目标

沉淀池运行效果的好坏是活性污泥系统能否正常运行的关键，沉淀池具备双重功能：①进行固液分离—澄清功能；②浓缩污泥—浓缩功能。沉淀池的成功运转取决于两个因素：进入沉淀池的泥水混合液水力特性以及活性污泥的沉淀特性。

影响沉淀池的因素其时间量程分布非常广：①几秒到几分钟的水力波动；②在几分钟到几小时发生的水力波动；③在沉淀池中可能发生的生化反应时间量程为几小时；④污泥絮体特性在几天之内发生变化。

（1）水力波动。污水处理厂出现水力波动，会导致沉淀池的水力波动加大，从而影响二沉池的泥水分离，最终影响出水悬浮物浓度。回流污泥量的变化会对沉淀池的澄清功能造成直接影响，由于控制系统以恒定的污泥回流比方式运行，因此进水流量的变化会直接导致出水悬浮物浓度的突然变化。

有两种现象会影响沉淀池的沉淀效果，一是污水厂的水力波动；二是沉淀池的流体动力学。按照回流污泥与进水流量成比例变化的规律，沉淀池底部流量会突然变化。此时，沉淀池的决定因素是沉淀池的流体动力学特性。流量的突然变化将会使液体流速突然变化，在几分钟之内传至沉淀池出口。如果沉淀池的污泥界面较高，或者污泥的沉降性能不够好，出水悬浮物浓度发生变化。任何流量的突然变化都会导致沉淀池运行效果的恶化。因此，为了保证沉淀池良好运行，保持污水处理厂的流量变化尽量平缓是非常重要的。

（2）水力负荷。沉淀池的出水悬浮物浓度取决于沉淀池的负荷，也就是流量和污泥浓度的乘积。沉淀池还必须同时满足液体和固体质量守恒。如果进入沉淀池的污泥量大于流出沉淀池的污泥量，污泥斗的泥位将上升。但是污泥斗内的泥位只能在其最大和最小设定范围内波动。如果污泥超过了污泥斗的最高泥位，那么出水水质就会恶化。如果污泥下向流速太大，那么回流污泥的浓度就会较低。

（3）沉淀池内发生的生化反应。沉淀池内的活性污泥并非没有活性，很多条件适合发生生化反应，DO 浓度是最重要的一个因素。假设某污水处理厂只去除有机物，并且超负荷运行，也就是说在曝气池中无法去除全部的 COD。当污泥进入沉淀池后，若 DO 充足，就会在二沉池的污泥浓缩层中发生异养菌的增殖，这些异养菌利用沉淀池中的 DO 去除有机污染物。实际上，某些情况下可利用沉淀池中的污泥来去除部分有机污染物。

在生物脱氮污水处理厂中，沉淀池中会发生明显的反硝化，沉淀池就如同脱氮工艺中的缺氧区，硝酸氮被还原为氮气会使污泥上浮。如果沉淀池中污泥很多，反硝化引起的污泥上浮就会导致严重的污泥流失。这就是在许多脱氮污水处理厂中为什么增大污泥回流的主要原因。

在生物除磷污水处理厂中，沉淀池中还会出现二次放磷现象。如果污泥在沉淀池中停留时间过长，污泥层中变成厌氧环境，聚磷菌处于饥饿状态，就会发生厌氧反应器的情形，磷又释放出来。因此，必须处理好污泥回流问题，以避免上述问题出现。

（4）污泥絮体特性。理想的污泥应该具备良好的沉淀性能和浓缩特性。但实际上，污泥絮体的特性是多种多样的。活性污泥可能包含很多小的松散絮体，它们很难沉淀下来，这些絮体会随出水流出，从而影响出水水质。在曝气池中还会出现大量的丝状菌，丝状菌太多会出现严重的污泥膨胀问题。

事实上，少量的丝状菌有利于出水澄清。这些丝状菌可以在絮体之间组成网状结构。从而可以将松散的絮体拦截下来，使出水水质得到提高。丝状菌过多就会导致污泥膨胀。沉淀池运行的好坏关键取决于底物、DO 和微生物之间的平衡。

（三）污水处理厂的运行目标

虽然控制系统的建立一般都是遵循将整体问题化解为局部问题和不同时间量程的问题进行的，但是各个局部问题和不同时间量程的问题之间是存在着相互作用的。废水从一个处理单元流向另一个处理单元，所带来的波动从一个反应器传向下一个反应器，有可能影响后继的反应过程，最后导致系统运行操作出现问题。水力波动以及混合液回流会给不同单元过程带来干扰。各处理单元内部存在的相互作用要求我们必须从污水处理厂总体运行角度来验证我们的控制策略。

污水处理厂运行，必须考虑运行费用的最小化，注意各子单元过程运行费用的最小化之和并不等于系统整体运行费用的最小化。因此具备全局观点是非常重要的，例如，在产生污泥上节省了一元钱，但是污泥处理多花了两元钱，那么这样做就不经济。

从全局优化的角度而言，需要考虑关键单元过程间的相互作用，分别是：①水力作用；②资源的利用；③污水处理厂内部循环；④运行管理人员。因为污水处理厂并不是独立存在的，全局控制和优化就必须考虑与外部的相互影响，这样才能实现污水处理厂真正的运行优化。

1. 水力作用

水力干扰是所有污水处理厂所面临的一个关键问题，我们希望避免突然的水力冲击。例如，暴雨来临时造成的水力冲击，因此，必须采取一定的措施避免这种情形发生。

排水管网和污水处理厂的相互作用非常重要，然而它们一般归属不同的运行管理部门。一般情况下，排污管和雨水管是合流的，这对污水处理厂的运行具有深远的影响。排水管网的运行目标是在暴雨来临时，及时将雨污疏导排出。因此就要尽可能地利用排水管网的有效容积，甚至在必要的情况下直接将雨水超越输送至河流中。另外，污水处理厂运行必须保证系统处于最优化状态。如果在暴雨期间，大量雨水进入污水厂，造成微生物被冲刷，那么污水处理厂恢复正常状态就需要数月时间。

污水进入污水处理厂之后经常被分成几股，一般认为其分流工作是收效甚微的，但实际上这却是很多污水处理厂遇到的主要问题，因为即使进入污水处理厂的每股流量相同，其固体负荷却可能完全不同，那么采用相同的运行方式，系统处理效果肯定不同。

2. 资源利用

如果在设计阶段没有充分考虑今后的运行操作，那么污水厂的运行操作灵活性就会很差。需要考虑的资源有：①已经投入的资金；②可用的土地；③可以回用的水资源；④可以利用和循环利用的碳源和营养物质；⑤能源的全面利用。

设计对运行管理有很大的影响。因此，对污水处理厂进行规划时一定要考虑其投资。投资是现有污水厂进行改造时首先考虑的关键因素。

随着人口的增加，土地的重要性越来越突出。因此，出现了许多革新工艺来解决污水收集和处理问题，如纯氧曝气、双层沉淀池、深井曝气，甚至将污水处理厂建在地下。建在城市的污水处理厂必须要尽量节省空间，有的时候甚至通过牺牲能源来节省空间。

节水以及水循环使用在许多地区已经是不争的事实。然而，水的回用必须同时考虑相关的公共卫生问题。在一座典型的废水处理厂中，原水中 50% ~ 60% 的有机物转化为二氧化碳和水，出水中仍含 10% 的有机物，而 30% ~ 40% 的有机物转移到污泥中。污泥中有机物质的最终利用必须从整个系统的角度来考虑，最终处理方法可以是焚烧、堆肥或者在厌氧处理中产气。

必须削减污泥中有机物质的含量，从而降低污泥的传输费用。去除废水中的有机污染物，必须同时考虑其运行费用，如能源消耗、运输费用，甚至环境影响。由于污水处理厂排出的污泥中含有有机物质和磷，因此，可以就近用作农肥。然而，从食品生产的角度，堆肥用的污泥必须满足农用标准。为了尽量降低污泥对环境的影响，应该尽量减少重金属及其他有毒有害有机污染物的含量。污泥的处理是当前从事水污染治理的工作者所面临的最大问题。

氮可以说是自然界中最多的元素之一，但是传统污水生物脱氮仍然需要消耗大量能源。市政废水中大部分的氮来自人类的尿液，这使得人们在考虑如何收集人类的尿液进行单独的、更经济的处理，以替代传统的污水生物脱氮。至今还没有获得废水中氮的最佳利用方法。

关于氮资源利用，可以参考两点建议：①污水处理厂出水中含有一定量的硝酸氮不会一直存留，这样湖底沉积的有机物才能够利用反硝化而去除；②应使污水处理厂出水 N/P 维持在特定的数值，这样以满足受纳水体的要求或循环使用的要求(灌溉或作为农肥使用)。

磷是一个有限的资源。因此，磷循环使用也是非常重要的。磷可以直接作为肥料使用，或者作为新型清洁剂的成分。

在将来的社会中能源将是一个越来越重要的问题，我们所使用的电能、热能和化学能对环境有间接的影响。在能量产生、传输和分配过程中都会对环境造成一定的影响，因此，我们必须有节约能源的意识。当然，在对比各种废水生物处理系统时，必须对比其总能耗，包括废水的输送、处理废水消耗的能源、对废水中热能的利用、废水产沼气的能力。避免只从子系统着手来解决问题，而在整体上导致能量的更大浪费。

现在，很多单元过程的能耗是较大的，随着能源日益紧张，更加经济高效的工艺必定出现。但是我们应该考虑的是如何利用废水中的能量。如果可以在寒冷的时候利用废水中的热量，同时利用废水厌氧发酵产生的沼气，那么废水处理厂就不会成为能量的利用者，而是能量的制造者，例如，废水处理厂产生的热量可以用于区域供热。

3. 污水处理厂内部循环

由于污水处理厂各单元之间存在着相互作用，因此，要从全局的角度进行优化运行管理。在任意时间和地点进行运行管理决策的时候，不能只考虑某一单元过程。废水流过的每一个单元过程都会对运行管理提出新的问题。各单元之间的循环更增加了整体的复杂性。例如以下内容：

(1) 污泥回流和滤池反冲洗水的回流将 DO 和硝酸氮带入厌氧区。

(2) 前置反硝化工艺硝化液内回流会带入缺氧区 DO 对反硝化产生干扰。

(3) 二沉池中磷的二次释放，通过污泥回流使磷再次循环。

(4) 污泥消化上清液中营养物质的循环。

(5) 厌氧区产生的 RBCOD 和 VFA 循环至缺氧和好氧区。

(6) 营养物质（N、P）含量、水力停留时间对污泥絮体形成的影响以及对污泥中微生物种群分布的影响。

（7）去除污染物质和污泥产量之间的关系，污泥产量与污泥消化、产甲烷之间的关系以及污泥产量与污泥处置费用之间的关系。

4. 运行管理人员

运行管理人员应该对整个污水处理厂的工艺流程进行深入的了解和掌握。因此，对运行管理人员的培训至关重要。但是由于每个运行操作管理人员的负责范围不同，他们对各单元过程之间的相互作用并没有清晰深入的认识。污水处理厂的负责人对系统每日的平均出水浓度和结果感兴趣，而运行管理人员只对每小时的动态数据变化感兴趣，因为这可以解决它所负责的问题。最重要的是，他们必须了解各处理单元之间的相互作用。除此之外，还需要了解资金消耗方面的知识。

二、污水处理控制系统的建立与控制水平

（一）污水处理控制系统的建立

1. 确定控制问题

确定控制问题包括建立控制目标函数，选择执行变量，确认控制的约束条件。通常从采用控制能获得什么效益开始，例如，控制系统能否促进硝化或反硝化或者同时促进硝化反硝化、性能改进到什么程度、可接受的运行费用是多少等，通过因果分析确定合适的变量。每个控制变量都会影响系统的性能和运行费用。控制系统的目的就是在可接受的费用下获得最优的性能，也就是在性能需求和可接收的费用之间获得平衡。

众所周知，前置反硝化系统的硝化液回流量影响硝酸氮的去除，因此需要对该变量进行调整，以促进缺氧区反硝化。该变量并不能控制出水硝酸氮浓度满足一定的排放标准，除非原水中易于生物降解的 COD 含量充足。当进水碳源不足时，不能获得需求的出水水质时，必须外投碳源。当不考虑外投碳源时，内循环回流量的最优控制思想是尽可能利用缺氧区反硝化潜力，提高硝酸氮去除。

确定控制问题先要选择一个控制变量，因果分析确认每个控制变量的优势和不足，从而针对不同的控制目标选择不同的执行变量。

因果分析也为了便于对控制问题建立合适的目标函数。目标函数通常包括两部分：一部分反映系统性能的要求，另一部分指和所选择的执行变量有关的运行费用。仍以上面的内循环回流控制为例，其合适的目标函数为部分指：

$$目标函数 = \int_{t}^{t+T} \left[\gamma_1 Q_{eff}(\tau) S_{no,eff}(\tau) + \gamma_2 Q_{int}(\tau) \right] d\tau \tag{6-1}$$

式中：Q_{int}——内循环流量；

$S_{no,eff}$、Q_{eff}——出水硝酸氮浓度、出水流量；

T——选择的积分区间（如一天）；

γ_1、γ_2——权重系数。

以同样的方法可对其他运行变量建立相似的目标函数，例如，在生物脱氮处理系统中，曝气不但影响硝化也影响反硝化（当 DO 低时，发生同步硝化反硝化），同时还影响系统的运行费用。因此可以以和式（6-1）相似的形式来建立曝气控制的目标函数，只是出水硝酸氮浓度由出水硝酸氮和氨氮浓度之和代替，内循环不回流费用由曝气费用代替[①]。

在确定控制问题时也要确定控制的约束因素，这包括执行变量的边界值以及过程变量可能的限制条件。例如，泵只能传递一定的流量，曝气强度也由鼓风机的能力决定，出水 TN 和氨氮必须小于预先设定值，这些约束因素对控制器的设计有直接的影响。

2. 控制策略的开发

在确定了运行系统目标函数和控制约束后，最后会建立一个具有限制性因素的最优控制问题，从理论角度看，某控制问题能确定最优解。但对于一个数学可解的问题，在实际中很难解，因为需要精确的工艺模型，同时需要在线测定主要干扰因素（如水质），由于污水处理系统的复杂性，实际上很难满足这些条件。

较好的方法是把最优控制问题变为易于在实际应用的简单的控制策略。这个控制策略并不是从严格的数学角度来优化目标函数，而是获得最优控制性能，从而提高工艺运行或节省大量运行费用。

成功的关键是采取解耦的思想，总控制问题转变为很多较小的控制问题，然后转变为性能指标变量，从而控制目标函数接近最优同时满足控制约束。应确定性能指标变量的最优值。最初的控制问题转变为设定值控制问题，在此，性能指标变量作为控制变量，性能指标变量的最优值作为设定值。设定值应根据控制目标在线确认。选择能在线测定的性能指标变量很重要。

在控制系统设计时，控制策略的开发在很多情况下是比较困难的一步，它需要控制工程师对所研究的过程有深入的理解。可应用模型和模拟作为控制策略的重要开发工具，通过大量模拟可揭示控制性能（由目标函数来估计）和合适指标变量之间隐藏的相关性，变化模拟条件（如污水水质和模型参数值）避免控制策略仅用于小范围的运行条件下。已经开发的活性污泥系统模拟基准模型是很有价值的工具。因此

---

① 马勇，彭永臻. 城市污水处理系统运行及过程控制 [M]. 北京：科学出版社，2017：163-203.

在实施一个控制策略之前需要严格对其评价直到全面地理解控制策略并确定它和工艺之间的相关性。

内循环回流量控制可以很好说明如何建立一个控制策略。基于总量平衡分析，缺氧区末端的硝酸氮浓度可以作为合适的指标变量，当硝酸氮浓度控制在较低且非0的水平时，可最大程度降低目标函数（式6-1）的值。

3.控制结构与控制算法的设计

在确定执行和控制变量之后，需要选择一个合理的控制结构和控制算法来实现控制策略。

过程控制的中通常使用简单的反馈控制器结构，可以应用在所有本地控制中，如压力、温度和流量的控制。控制器有两个输入：测定（实际）值和参考值；一个输出控制信号。在简单情况下，控制器仅根据两个输入变量之间的偏差进行控制，从而使系统输出尽可能接近设定值。

控制器包含的参数越多，那么它的可控制性也越高，但控制系统也越复杂。很多单输入单输出（SISO）控制系统结构应用于污水处理中，通常包括前馈控制部分和反馈控制部分。

反馈控制最大优势在于（和前馈控制相比）它不需要精确的工艺模型，当对控制过程的动力学知识了解很少时也可以采用反馈控制。然而反馈控制存在以下不足（应用前馈控制可有效克服）：

（1）只有在发现偏差时才能采用反馈控制。因此控制变量（输出变量）和参比输入之间存在偏差不可避免。当工艺过程干扰很大时，从系统性能上来说，偏差可能处于无法调整的水平。例如，污水处理厂的进水负荷变化很迅速，在控制过程中，只有当DO测定值偏离其设定值时，DO反馈控制器才能调整供气量，但进水负荷在变化，DO浓度在变化，所以一直存在偏差。

（2）在时间常数较长或滞后时间较长的系统中，应用反馈控制不能获得满意的结果，因为传感器信息滞后。当干扰较大且频繁时，工艺过程处在动态运行状态下，因此不会达到需求的状态。

（3）如果不能有效的测定输出变量，那么反馈控制也不可行。

反馈控制系统，仅仅当输出值偏离参比信号时起作用，而前馈控制器在偏差出现之前就发挥作用，因此反应迅速，然而，在建立前馈控制时，需要控制工艺的模型，并需对干扰进行测定，因此前馈控制的质量与干扰测定的准确度和工艺模型的精度有关。实际工程应用前馈控制器时，基本上同时应用反馈控制器。这样，前馈控制器快速地采取动作以降低干扰或设定值变化的带来的影响，反馈控制随后在偏差已降低的基础上进行精确的调节和控制。

实际工程关于反馈控制器的报道较多，但也提出了许多先进的控制算法（如动态模型控制、神经网络和模糊逻辑算法）。然而，事实证明这些先进的算法在污水处理系统并不一定可获得比传统的 PID 算法更好的控制性能。有些情况下，开 / 关控制器也可获得较好的效果，基于简单规则（基于规则的控制）的控制系统也可获得成功应用。

4. 控制器调整与性能评估

模型和模拟毫无疑问是控制器调整和性能估计的有效手段。近年活性污泥基准模型在评价不同控制系统时获得广泛应用。应用模拟开发的控制策略，需在不同的运行条件下对控制系统进行评价。对进水负荷变化和污泥动力学变化表现出较好的稳定性的策略是可取的控制策略。好的控制系统指在大部分情况下，都能获得较好的性能。

在控制系统评估时，仅一个标定模型是不足的。因为进入污水处理厂的污水量和水质以及污泥特性随时都在变化，好的控制系统意味着不管污水和工艺条件如何变化，都可对系统进行有效控制，而不仅在模型标定时有效。

需要强调的是，虽然模型和模拟是评价控制系统有效的方法和工具，但它并不能代替现场试验。一个模型不管它多么复杂，都不能实时模拟处理系统。控制系统只有在成功的应用到实际中才说明是成功的。当前活性污泥法模型的缺点在于不能预测由于控制作用导致微生物种群变化的情况。活性污泥由复杂的微生物种群组成，它的结构（存在什么类型的微生物）和功能（这些微生物在做什么及其速率如何）由很多因素决定。微生物特征，甚至系统中存在的微生物种群都受系统运行的影响，从而系统性能发生变化。由于人们当前对这方面知识缺乏了解，在控制系统设计时没有考虑控制行为对系统污泥性能的影响，但应对其影响进行评价，从而避免在控制系统作用下由于微生物种群的变化对工艺性能带来无法预料到的危害作用。

(二) 污水处理系统自动控制水平

当前在污水处理行业，有以下四种自动控制水平：

（1）根据人工采样和实验室测定信息进行的手动调整。这是污水处理厂的传统控制方法，当前仍普遍的应用于污水处理系统。

（2）根据在线营养物测定信息进行的手动调整控制。其特征是应用在线营养物传感器进行检测，从而为 SCADA 控制系统提供信息。可以应用污水厂中安装的传感器或可移动的短期检测平台获得在线检测信息。

（3）根据在线测定进行简单的闭环控制。它包含简单的在线控制，并应用传统的 SCADA 系统提供基于实时测定信息的简单控制算法。

（4）在线调整和性能报告的先进监控系统。该控制水平先进、复杂，包括根据在线测定数据建立的模型预测控制，和对不同过程和运行数据的短期和长期统计分析。它可以补偿测定系统、控制系统和工艺的滞后，在整个运行阶段，在线控制可以跟踪实际负荷的变化。为了实现高级控制，在线营养物传感器或传统仪表的输入数据必须高度可靠，必须对所有数据进行核实。

分级控制系统如分散控制系统（DCS）成为加工行业的标准已有多年。当前具有调整和报告功能的控制系统已安装在丹麦、立陶宛、波兰和瑞典污水处理厂。可以预见，在未来这种类型的控制系统将成为污水厂和排水系统的标准，它也能应用于分散系统或移植到现有标准程序中。

三、污水处理系统监视控制方式和项目的选择

（一）监视控制方式

污水处理厂的监视控制方式应当考虑污水与污泥处理设施的规模、布置、形式、扩建、维护管理体制、经济性等方面的问题来选择。监视控制方式可分以下六种：

（1）个别监视操作方式。在对主要设备和处理过程进行直接监视的同时，一般又在现场进行操作的方式。

（2）集中监视个别操作方式。与方式（1）相比，这种控制方式由于具有能够在中央监视室监视整个处理系统运行状态的功能。所以根据监视情况的反馈，可进行整体合理的管理。

（3）集中监视控制（操作）方式。建立一个对设施整体进行监视及操作的中央监视室，进行集中监视控制。所谓集中控制，把控制机构的硬件，无论功能还是位置，都集中设置在一个地方。

（4）分区监视分散控制方式。将有关设施分成几个系统，或者分成子系统（泵站、污水处理设施、污泥处理设施等），分别建立分区监视室，进行集中监视和操作的方式。所谓分散控制，是控制机构硬件功能分散，而且由于分散设置，可避免一个故障波及全体的危险，是提高系统整体可靠性的一种控制方式。

（5）集中监视分散控制方式。这是一种监视操作与方式（3）相同，在中央监视室一个地方集中进行，控制功能与方式（4）相同，分散进行布置的方式。

（6）集中管理式分区监视分散控制方式。这是一种在方式（4）上，增加能够指挥设施总体运转的总管理功能（中央管理室）的方式。在这种方式中的分区监视室（局部监视室）的集中监视控制功能只在中央的总管理功能不能实现时作为备用监视控制系统考虑，平时不进行监视。

在方式（4）中，设置了二个分区集中化管理，分区监视室与方式（6）相同，具有总管理功能的方式。泵站及污水处理厂内的监视控制功能是对设施总体的运转进行行之有效的管理，根据检测和显示等掌握设备和机器及处理过程的状态，使之沿着期望的方向操作。在选定监视控制方式时，除了具备这些监视控制功能的同时，还应考虑运转开始初期的对策以及将来检测仪表技术的进步，选择适合于各个设施固有特性的方式，以提高其运行控制的可靠性。

为了提高效率，在小型污水处理厂中，应当引进远距离监视和自动控制方式。出于建设费及维护管理体制的考虑，应尽可能选用简单的监视控制方式。

(二) 选择监视控制方式的注意事项

在选择监视控制方式时，应考虑如下事项：

（1）污水处理厂的规模。在考虑处理规模时，除了处理能力还应根据污水处理厂的面积、设备以及控制对象来确定。

（2）污水处理厂的工艺布置。即使设施规模相同，由于污水处理厂所处地形不同，建筑物的布置也会有各种形态，监视控制方式也要随之改变。

正常建筑物为综合式，在这样的综合楼内有管理主楼、沉砂池及泵站及污泥处理间等，仅水处理设施用地分开，或者距离中央控制室较远。根据这种特性考虑监视控制的频率和紧急性，以采用集中监视分散控制方式为宜。如果处理设施整体被道路或河流分隔，以及因狭长地带而使管理主楼、沉砂池和泵站或污泥处理间相距很远时，宜采用分区监视分散控制方式。

（3）工艺流程。即使处理能力相同，但由于污水处理方式（标准活性污泥法、生物转盘、氧化沟等），污泥处理方式（直接脱水、污泥消化、污泥焚烧、堆肥处理等），同一设施系列的划分方法，有无沼气发电、脱臭、排热利用设备等各种不同情况，设施的复杂程度也有差别，因此，在选择监视控制方式时，应全面考虑上述情况。

（4）扩建可能性。污水处理厂按设计能够一次完成施工的情况不多，往往是根据流入污水量的增加，分阶段施工。这时，应当尽可能避免已建好的设施停止运行。迫不得已停止时，也要采用短时间内可能切换的监视控制方式。

随着仪表技术的发展，应当使用容易变更控制方式、采用信息处理系统等相适应的方式。为此，希望采用因功能的追加和修正带来的影响少的、监视控制功能的分区分散化的方式。在运转开始初期流入污水量少的状态持续时间很长时，以及第一期的处理设施规模很小或简易处理设施的情况下，可考虑不进行集中监视，暂时采用个别监视操作方式。

（5）管理体制。对于小型污水处理厂，宜采用夜间无人运转或平时无人运转的远距离监视的方式。当委托其他单位或部门管理污泥处理设施、污泥焚烧设备或堆肥化设施时，一般采用分区监视分散控制方式。

（6）经济因素。在选择监视控制方式时，应当采用建设和维护管理费用低的方式。这时，以减少建设费为主要目的，或者在维护管理中节省资源和能源，或者为了省力，根据不同目的选用不同的监视控制方式。为降低建设费，大型污水处理厂通常采用集中监视分散控制方式。与数据方式的组合使用是有必要的。因此，在重视经济性选用监视控制方式时，要充分明确其目的，认真研究后再选用合适的监视控制方式。

（三）监视控制项目

在选择监视控制项目时，应当考虑污水处理厂的规模、管理体制、节省人力和自动化的程度、运行管理合理化的程度等，在明确设计思想之后，确实掌握设施、设备与处理的状况，并为有效地实施选择必要的监视控制项目。

（1）监视控制技术内容和运转管理合理化的程度。

（2）在中央或分区监视室，作为必要的处理过程或远距离控制的泵站等的信息量、对这些信息的监视、正常操作或事故操作、指令以及设定的程度。

（3）中央控制室和现场电气室的监视功能和控制功能的划分范围。

（4）对于将来扩建、改造等扩建工作的可行性。

（5）对可靠性、维护性、操作性等的重视程度。

（6）在中央监视室和现场电气室是否有进行信息数据加工微控制器。

（7）设备费、维护管理费等的经济性。

如果从可靠性和经济性等方面出发选择监视控制项目时，要具体给予注意的问题包括：①掌握整体性和个体性的显示内容的程度；②选择总体显示、个体显示、分组显示、集中显示、矩阵显示等显示方法；③选择多动作操作或单动作操作的操作方式；④选择趋势记录或模拟记录的检测值记录方式；⑤是否采用 CRT 显示、图解盘和投影屏等，有无声音监控器等。

四、污水处理系统监视控制仪表与设备的选择

监视控制仪表具有两个主要功能：一是把处理过程的状态迅速准确地传达给操作人员；二是将操作人员的意图迅速准确地传达给处理过程。它一般可分为监视盘、操作盘、检测仪表盘、变换器盘、继电器盘、微控制器、程序控制器和现场盘等。引进计算机时，还要增加计算机与外部设备以及相应的软件。因而在选择监视控制仪表时，应当选择在维护管理上最合适的仪表，应当根据污水厂的规模及其他实际

情况与需要需要来确定自动化程度。由此决定是采用模拟仪表，还是采用具有高级功能的计算机，从费用和效率等方面进行多方面探讨。还要根据自动化的重点是放在信息的记录上，还是放在监视记录的自动化上，或是放在包括控制在内的自动化上，由此所选定的计算机和监视控制仪表设备的结构和形式也有所不同[①]。

如果污水处理厂规模大、设备复杂，应当采用计算机系统；而在规模小、设备简单时，可以采用相应的仪表。近年来，随着计算机科学与应用的迅速发展，无论污水处理厂的规模大小，都较普遍地采用计算机系统。

监视盘、检测仪表盘和操作盘是处理过程的中枢，可安装各种仪表。由于操作人员经常通过它们进行监视和操作活动，为减轻操作人员的疲劳而导致误操作，提高运行管理水平，选用时要考虑形式、布置以及色彩。控制仪表具有传达操作人员的指令，使处理过程经常处于期望状态的功能。因此，按照使设备和仪表运转合理、安全、经济的要求，应选用适合于处理的特性和使用目的、可靠性高的仪表设备。

(一) 监视操作仪表的选择

监视控制方式及其使用的监视操作盘都有各种类型。对常用的监视操作盘类型进行大致区分。有以监视为主体的配电盘，以操作为主体的操作盘和兼具监视与操作功能的监视操作盘三种类型。它们可组合使用，也可单独使用。为使监视操作方便，污水处理厂中监视盘的监视显示部分一般采用图解盘方式。

1. 图解盘

按盘面结构来看，图解盘有嵌入式、直立屏式、框架式等类型。由于在图解盘盘面简明直观地画有主要电气设备的模拟接线图和处理系统等主要设备流程图，易于把握处理过程的总体情况。此外，由于对检测值与检测位置以及检测值相互间的关系也能明确掌握，因此能进行可靠的监视控制，而且也利于避免误操作。

按形状与仪表的配置对图解盘进行分类，有利于用整个表面作为图解盘，把检测仪表布置在中间的全图解盘；有把图解集中在正面，而把检测仪表和调节器分开设置的半图解盘；还有进一步将图解盘小型化，集中布置在台上斜面部分的小图解盘。

全图解盘盘幅大，监测室也必须大，改建处理厂时改建盘面困难。在图解盘上的流程图和模拟接线图的主要设备上，设置易于辨别的表示运转、停止及故障的指示灯。有的把流程图全系列都描绘出来，也有用一个系列作代表，其他采用集中显示。还有，利用计算机系统进行监视控制时用图解盘进行宏观监视，通过 CRT 显示

---

① 崔福义，南军，杨庆. 给排水工程仪表与控制 (第 3 版). 北京: 中国建筑工业出版社，2017: 270-290.

的详图进行微观监视，同时，把图解盘作为系统故障时的备用。

2. 检测仪表盘

检测仪表可分为有关电气的检测仪和工业方面的检测仪。①电力检测仪一般配置在图解盘的模拟接线图中；②工业检测仪有指示仪、记录仪、积算器等盘面仪表，有变换器、计算器和报警定值器等辅助仪表。

3. 操作盘

选择操作盘时，与监视盘一起作为设备运转控制的起点，应当易于观察，操作方便，不致发生误操作，可直接了解操作结果等。其具体措施包括：①原则上由一人进行操作；②尽可能根据多动作来选择操作；③利用按钮选择操作时，应使按钮指示灯与监视盘流程图中的选择仪表指示灯同时闪亮；④应使选择用按钮的排列与图解盘中流程图相对应，并在操作盘上绘出小型流程图。在主要设备旁边设置运转方式的切换。

4. CRT 监视操作盘

CRT 监视操作的设备小型化，具有很强的显示功能。CRT 显示比图解盘显示的点多，使处理设施和过程信号可视化，直接或用符号等将文字、数字和图像一同显示。此外，还可将一个画面分成几个画面，或在同一画面中显示几种图像。

CRT 操作的输入方法有触摸式、光笔式、鼠标式和键盘式等。CRT 的监视操作具有占地小、功能强、变换画面容易等优点，也可在小型污水厂中采用。它具有监视操作功能。

(1) 监视功能。使操作人员掌握处理设施运行状态的功能包括：①能显示出各机器的运行、停止 (开 / 闭) 和运行类型 (自动 / 手动) 等；②能显示机器设备的故障和处理过程的异常情况，并给予适当的提示和报警；③能实时地显示各处理过程数据。

(2) 操作设定功能。具有对各种机器的运行 / 停止 (开 / 闭)、控制类型的选择和替换，各种设定值 (时间、计数、目标值) 进行设定操作的功能。

(3) 显示数据变化趋势功能。能显示过程值从过去到现在的连续变化趋势和当前值的实时变化趋势，以及机器的运行、停止、故障、过程值的异常情况等功能。

在非正常情况下，有一个人操作 CRT 就可以。对于大型污水处理厂、泵站的远距离控制以及合流制的设施或要求快速响应的设备，应当配置多台 CRT，考虑其可视性、操作性、响应性和安全性等。这时应注意 CRT 的相互联结和操作的优先顺序等。在设定响应特性时，应根据污水处理厂的规模和设备的重要程度决定。

(二) 控制设备的选择

根据控制水平和控制种类来选择合适的控制设备。控制方式基本有三种：第一，顺序控制。顺序控制是按照预先确定的顺序，依次完成控制各阶段的控制方式；第二，反馈控制。用反馈的信息将控制量与目标值进行比较，然后按照使它们保持一致的要求，进行修正操作的控制；第三，前馈控制。前馈控制是指在外部干扰的影响出现在控制系统之前，就进行必要的修正操作的控制方式。

此外，还有将这些方式组合在一起的复合控制、模糊控制、神经控制和专家系统等控制方式。

1. 顺序控制设备方式

（1）有接点继电器式。有接点继电器式具有能目视观察内部、维护管理方便、容易发现故障、抗干扰性能良好等优点，但也有难于避免的接触面磨损而造成的故障、寿命取决于开断动作的次数、响应慢、耗电多、体积大、占据空间大、因其可动接点会因地震等震动造成误动作等缺点。

（2）无接点继电器式（逻辑顺序式）。无接点继电器式不存在有接点继电器式接触不良的问题，而且信号能量减小了，信号传递速度快，体积小。在顺序控制设备的设计和维修中，由于用印刷板作为单元模块而能实现标准化，因此作业容易进行。可是，在把晶体管、IC适当组合进行连接时，与有接点继电器式相同。

（3）插接式。插接式是根据时间或输入条件按步进行和把复杂的条件判断组合在一起的控制设备。用插接板可任意进行输入条件、时限以及输出点数的设定。硬件能实现标准化并作为通用顺序控制设备使用。它适用于传输机的顺序动作和排泥等比较简单的顺序控制。此外可用传送信号把多台装置以串联或并联方式连接起来，构成大型控制系统。

（4）程序控制器（存储顺序式）。程序控制器是以计算机技术为基础开发的控制设备，其顺序内容是以程序表的形式储存在IC等记忆装置中，计算设备周期性地取出程序表，用对输入信息反复进行理论计算的循环处理方式。它具备判断、分支和插入等各种功能。也就是说，顺序控制器是仅保留计算机功能中在顺序控制方面重要的功能，排除其他多余功能的设备，设备的回路结构通常是同一的，对于控制对象的动作，都可通过已写入程序储存器中的内容的变化来进行。输入输出部分分别用数字、模拟从数点到数十点的卡片式，成为能够扩大的结构。总之，在构成控制回路时，具有无接线等优点。多用于污泥脱水、污泥焚烧等复杂的顺序控制。

2. 反馈和前馈控制方式

（1）PID调节器。用PID调节器可以进行模拟控制，它具有适合于表示各过程变量间的相互关系、能定性把握变量随时间的变化趋势、故障对设备的影响范围小等优点。

（2）单环路控制器。单环路控制器是内装微处理器的DDC（直接数字控制）专用的控制器，可进行单环路控制。控制多环路的数字仪表发生故障时对设备的影响大，而在单环路控制器中，因为将控制划分作为一个环路，因此具有与模拟仪表同等的危险程度。环路控制往往构成二重三重的串级环路，而一台单环路控制器也包含各种控制和计算功能，可利用简单程序表实现这些功能。

（3）微型控制器。微型控制器是作为下位计算机开发的装置，在中央处理装置上增加记忆装置和输入输出仪表用的接口控制回路，能完成最基本的计算机功能的装置。微型控制器体积小，消耗电力少，但功能较强，使用方便。

微型控制器的利用除了作为包括 DDC 和顺序控制的计算控制，由上位计算机计划的设备控制和远距离的末端设备外，还要考虑将来污水处理厂扩建和改造后，仍能用作控制和信息处理。

第二节　城市污水处理系统微生物种群的优化

污水生物处理系统是由大量微生物种群组成的复杂体系，微生物的种群结构（存在那种类型的微生物）及其功能（这些微生物可以做什么及其反应速率）是由污水水质以及一些外界因素——物理或化学特性决定的。外界因素可以通过工艺运行（如过程控制）或设计在一定程度上有所改变，但污水处理系统的进水水质一般很难改变。

近年来出现很多污水处理系统的控制和优化问题，从单环路控制（对单个工艺单元进行控制）到整个污水处理厂的综合控制系统（对整个污水厂进行优化）。所有这些控制策略的共同特点是工艺的控制，是从化学处理的角度考虑而不是从生物处理的角度考虑。所有控制系统的设计原则是以出水污染物（BOD、氮和磷）浓度满足排放标准的情况下，尽可能节约运行费用，检测变量通常是化学变量（如氨氮、硝酸氮、正磷酸盐和 DO 浓度）或物理变量（如污水流量）。

尽管生物变量如还原型二磷酸砒啶核苷酸（NADH）有时也可作为检测或控制变量，但是并没有明确地考虑控制作用对微生物种群和微生物特性的影响，虽然应用控制系统在短期内可实现工艺的运行优化，但是如果微生物种群或微生物特性受到不利影响，长时间运行将恶化污水处理厂的性能，短期内很难恢复，从而造成污水处理厂的运行崩溃。

污水处理系统微生物特性以及微生物种群受系统运行条件的影响，所以在污水处理系统的设计和运行方面应考虑微生物种群优化的问题，过程控制系统不仅在短期内实现系统优化，更重要的是过程控制系统能优化运行系统的微生物特性及其种群结构，避免控制系统的短期效果，从而使运行系统一直处于最优性能状态。未来过程控制设计和运行时必须以此作为出发点。

一、微生物种群优化的基本理念

可以通过硝化过程的曝气控制来说明种群优化思想，生物脱氮污水处理厂的曝气一般由硝化反应的需氧量决定：$NH_4^+ + O_2 \rightarrow NO_3^- + H_2O + 2H^+$。

氨氮去除速率可以表示为

$$r_{NH} = \frac{\mu_{A,max} X_A}{Y_A} \frac{S_{NH}}{K_{NH} + S_{NH}} \frac{S_0}{K_0 + S_0} \tag{6-2}$$

式中：S_{NH}、S_0——氨氮浓度、溶解氧浓度；

K_{NH}、K_0——自养菌氨氮、DO的饱和系数；

$\mu_{A,max}$、Y_A——硝化菌的最大比增长速率、产率系数；

X_A——硝化菌污泥浓度。

硝化菌污泥浓度可以根据下式计算：

$$X_A = Y_A L_N / (b_A + 1/\theta_x) \tag{6-3}$$

式中：b_A——硝化菌的衰减系数；

θ_x——污泥停留时间；

L_N——式（6-2）中r_{NH}的平均值。

传统的曝气控制是通过控制如下目标函数为最小值实现的：

$$\int_t^{t+T} [-w_r r_{NH}(\tau) + w_c c_{MV}(\tau)] \mathbf{d}\tau \tag{6-4}$$

式中：c_{MV}——曝气能耗费用；

w_r、w_c——底物去除、运行能耗的权重系数；

t、$t+T$——积分时间。

所以系统的优化是通过优化基质浓度S_{NH}、S_0实现的。

通常工艺运行对微生物特性的影响不会立即显示出来，而需要很长的一段时间才能表现出来，特定的运行策略包括：①应用生物选择器或其他选择能力，在污泥内逐渐富集出某些菌群而淘汰其他菌群，因为不同微生物具有不同的生长速率（比生长速率、饱和常数）和抗冲击负荷能力；②微生物单个种群生理特性发生变化就会影响系统特性，虽然并未导致微生物种群结构变化。

污泥种群优化的主要目的是通过优化微生物种群结构和功能实现系统性能的优化。污泥种群优化可以通过优化活性污泥的以下特性来实现系统性能的优化。

（1）污泥动力学：如式（6-2）中较高的比生长速率和较低的饱和常数会获得较高的反应速率。而衰减速率的影响恰恰是相反的，因为较低的衰减速率会增加污泥浓度，进而增加反应速率，会导致污泥产量增加，从而增加污泥处理费用。因为硝化反应是系统的限速步骤，剩余污泥中异养菌所占的比例较大，所以保持较低的自养菌衰减速率和较高的异养菌衰减速率是最合理的。

（2）产率：如果把式（6-4）代入式（6-3），会发现 Y_A 并不影响基质的去除率，因为较高的产率导致较多的污泥产量，所以较低的产率是合适的（尤其对于异养菌）。

（3）稳定性：那些对外界环境变化保持稳定的微生物（如进水毒性负荷冲击）是受欢迎的。如果成功增殖此类微生物，将增加污水处理厂运行稳定性。增加微生物的多样性可增加系统的稳定性，因为在不同的环境条件下可选择性增殖不同的微生物。

（4）沉淀性：二沉池的沉淀问题一直被认为污水处理系统的瓶颈问题，如何控制污泥膨胀问题，抑制丝状菌繁殖优化絮状微生物的生长是污水处理厂运行控制的重点。

二、微生物种群优化的影响因素

（一）对微生物种群结构的影响

1. 微生物种群结构

不同的污水处理厂占优势的细菌类型也不同，不同的微生物种群占优势是由特定的选择能力决定的。通常微生物种群受以下因素影响：

（1）进水特性。不同基质或底物支持不同的细菌生长，很明显向生物脱氮污水处理厂缺氧区投加外碳源可改变活性污泥微生物种群结构，一般情况下需要1~3个污泥龄才可以使污泥完全适应甲醇，也就是产生利用甲醇作为底物的反硝化菌，如果该反硝化菌应用醋酸盐和其他短链脂肪酸作为碳源，其反硝化能力将会降低，而应用甲醇和乙醇其反硝化能力很高。污水中可能含有特定成分的化合物将会抑制特定微生物的生长。在污水中也可能含有一些富集的微生物，另外进水中的 pH 和温度也会影响微生物的生长。

（2）环境条件。空气温度、进水温度决定活性污泥混合液的温度，进而会影响微生物的动力学特性。

（3）污水处理系统的设计和运行也会影响微生物种群结构。

2. 微生物新陈代谢选择

通过微生物在特定环境下产生的能量来选择增殖特定微生物是营养物去除污水

处理厂设计的基础，微生物周期性的经历厌氧、缺氧和好氧环境，可以在一个反应器内选择硝化菌、反硝化菌和 PAOs、实现有机物、氮和磷的去除，它们虽然很复杂且相互竞争，但可以在单污泥系统中实现。不同的运行条件和反应器结构也可能导致活性污泥种群的改变。

例如，与传统的好氧有机物污水处理厂相比，污泥膨胀更容易发生在连续流营养物去除（BNR）污水处理厂，其影响因素包括：缺氧区比例，微生物在厌氧、缺氧和好氧环境中变化的频率，在缺氧—好氧环境变化时的 DO、硝酸盐和亚硝酸盐浓度。

事实上在 BNR 污水处理厂丝状菌增殖的原因是异养菌交替处于缺氧和好氧环境，如果在缺氧环境下反硝化不充分，反硝化菌在随后的好氧环境会被反硝化反应产生的中间物所抑制，尤其是 NO 和 N/O 产物。假如是这种情况，那么用来优化外碳源投加维持缺氧区末端硝酸盐浓度处于最优设定值 1mg/L，从污泥种群优化的角度来说将不是一个最优设定值。缺氧区末端硝酸氮浓度应该控制在 0mg/L，以避免反硝化中间产物的积累。同样厌氧区、缺氧区和好氧区的体积比和每个反应器内硝酸氮和 DO 浓度也将选择性增殖特定微生物种群，另外进水位置也将影响微生物种群。例如，在缺氧区投加甲醇增殖的甲醇降解菌其产率较小，但具有较高的缺氧生长速率，较低的好氧生长速率。

3. 动力学选择

根据动力学可以选择也可以抑制微生物，污泥停留时间（SRT）和进水方式在动力学选择方面占有重要的作用。改变 SRT 会引起微生物种群的变化，提高 SRT，最大比增长速率较低的微生物（硝化菌）可在系统增殖。如果较高基质亲和力的微生物和具有较低基质亲和力的微生物共同竞争底物，较高基质亲和力的微生物将会得到增殖，这也是低负荷污水处理厂产生丝状菌膨胀的主要原因。

应用选择器是当前控制污泥膨胀的重要策略，在选择器中发生的反应可以称为非平衡生长，相对于平衡增长（微生物生长过程中的外界条件、底物浓度都不变），非平衡增长时微生物经历了一个不同合成速率过程。在含有选择器或 SBR 处理工艺中，微生物处于从高底物浓度到低底物浓度交替运行的条件，在高底物浓度阶段，具有快速吸收底物能力的微生物得到增殖，底物以聚合物的形式——糖原或 PHAs 储存，在随后低底物浓度情况下这些储存物会作为碳源供微生物生长所需。非平衡条件下生长的微生物沉淀性更好，因为在非平衡条件下絮状菌和丝状菌相比有更好的底物吸收能力。

4. 物理性选择

某些微生物可以通过物理手段在特定系统中富集，如生物膜工艺，在该系统中自养菌和异养菌被物理性分离。在缺氧区 DO 不足，自养菌不会在此生长，而在好氧区由于 COD 较低，异养菌也不会选择性增殖，所以硝化菌和反硝化菌都选择性的处于自己的最佳生长区域，实现同步硝化和反硝化，如果进水总氮负荷相同，在该工艺中最大硝化和反硝化速率远远高于传统的单污泥系统。微生物的不均匀分布是生物膜工艺的一个共性。另外一个物理性选择例子是通过选择性方式排泥以富集活性微生物而增加惰性固体的排放量。

(二) 对微生物特性的影响

运行策略除了影响微生物种群结构，也会影响污泥特性，同样的微生物在不同运行环境下可能有不同的动力学或化学计量学特性，不同类型的电子受体对微生物也有很大的影响。

(1) 衰减速率。异养菌和自养菌的衰减速率都和电子受体有关，和好氧环境相比，在缺氧环境下，自养菌和异养菌的衰减速率都很低，在厌氧环境下，衰减速率更小。

(2) 异养速率。电子受体影响异养菌产率，缺氧条件下异养菌产率系数远远低于好氧条件下产率系数。许多研究者获得在间歇好氧 / 厌氧条件下运行的污水处理厂污泥产率很低，也就是通过单独的合成代谢和分解代谢可降低污泥产率。因此在污泥回流线上设置一个厌氧反应器，回流污泥经过厌氧处理后进入好氧反应器，在好氧环境下合成能量。在厌氧环境下，并不是用于微生物的生长，而是维持微生物，由此好氧反应器的代谢过程受到抑制，从而污泥产量降低。这种运行结构也易于增殖 PAOs，并成为优势菌群。

三、微生物种群优化的类型

(1) 控制系统中不易于生长的微生物。对于生物脱氮系统，如能完全淘洗 NOB 的生长，可实现短程生物脱氮，在硝化过程中可节约耗氧量，在反硝化过程中可节约碳源，因此尤其适于低 C/N 比废水的生物脱氮。无论哪种类型的废水，应用在线过程控制，都可实现其短程生物脱氮。在强化生物除磷系统（EBPR），GAO 是不受欢迎的微生物，它和 PAO 一样能在厌氧条件下吸收 VFAs，但不能除磷。

BNR 污水处理厂和单独去除 COD 的污水厂相比更容易导致丝状菌的过量生长。存在底物浓度梯度时可选择性增值絮状菌的生长。其目的并不是完全消除丝状菌的生长，而是一定程度上限制其生长从而维持絮状菌良好的沉淀性能。

(2) 选择最合适的污泥种群。由于选择压力的作用，可在不同的污水处理厂选择不同类型的微生物，而选择压力来源于污水特性（例如，底物类型、抑制物质的类型和浓度、pH和温度)、系统的设计和运行。例如，污泥龄较长的系统适于硝化菌的生长。PAOs仅在交替厌氧—好氧的环境下，并且厌氧区存在VFAs的条件下富集。很明显在合适选择压力作用下选择所需的微生物菌群是今天高级污水生物处理技术建立的基础。

同样的功能(例如硝化反应)可能在很多菌群作用下实现。污水生物处理系统中的异养菌很多，不同的菌种可能具有不同的生长特性(生长速率、半饱和常数和产率不同)。需要选择具有适合特性可完成特定功能的微生物。硝化菌是比较独特的微生物，硝化菌的生长速率较慢，对环境的变化比较敏感，是BNR污水处理厂的一个限制因素。选择"较好"特性的微生物具有促进系统性能的潜力，但我们当前并不具有选择什么样种群的微生物以及如何选择微生物的知识。

四、微生物种群优化的研究与展望

污水处理系统微生物种群优化仍然是一个新思想，虽然在过去获得一些进展，仍需大力开展以下方面的研究工作：

(1) NOB的控制。应用外碳源(后置反硝化)可以实现短程硝化，应用污水中的碳源获得短程硝化更具有优势，但其可行性仍需要验证。具有挑战性的问题是在连续流运行工艺中如何获得短程硝化。当污水连续进入系统，很难获得稳定亚硝酸盐积累。可行的思想就是低DO运行，从而实现同时硝化反硝化，通过NOB和AOB之间的竞争，逐步淘洗NOB。然而，长时间低DO运行对整个系统的微生物种群有明显的影响，需要全面考虑其影响。

(2) 不同运行参数对硝化菌群特性的影响以及污泥种群的优化，可考察的运行参数包括以下四个：

1) SRT。改变SRT可以大大改变系统的微生物种群。SRT增大，具有较低最大比生长速率的微生物将保留在系统中，在此系统中，微生物具有较高的底物亲和力，它和具有较高最大比生长速率，较低底物亲和力的微生物相比，更具有竞争优势。

2) 底物补给方式。污水可以连续或间歇投加到处理系统。尽管连续处理系统广泛应用，SBR系统在近年来获得更大的关注。推流式反应器特性和序批反应器相似，在间歇序批或推流式系统中，微生物交替的处于高底物浓度—低底物浓度，可促进系统生物的多样性，不但可维持系统的稳定性，而且可优化出水水质。

3) 曝气。DO浓度和缺氧/好氧比及其控制方法可能对微生物结构具有较大的影响。当前多数的曝气控制系统，由于并未进行优化控制，并不能获得较好的处理性能，另外，曝气控制系统维持较低的DO会导致硝化菌衰减速率降低。

4) 水力停留时间(HRT)。当前还未有HRT影响活性污泥微生物种群的报道。

然而，HRT 影响底物梯度，尤其在 SBR 和推流式系统，可能对微生物进行选择。

在完全理解污水生物处理系统微生物种群动力学之前，评价控制系统的长期运行性能很重要，也就是考虑微生物种群和特性变化对系统性能的影响。虽然今天的技术不可能全面理解微生物为什么发生这样的变化，但需评价控制系统对微生物种群变化的作用。

第三节　城市污水处理系统中神经网络的应用

神经网络（NN）又称人工神经网络（ANN），是在模拟人脑神经网络的基础上所构建的一种信息处理网络。人脑中的神经网络是一种高度并行的非线性信息处理系统，在信息处理能力方面具有强大的功能。[①] 目前主要的类型有前馈神经网络、反馈神经网络、局部逼近神经网络、模糊神经网络等。其中，以 BP 神经网络（即误差反向传递神经网络）在工程中的使用最为广泛。

一、神经网络的基本认知

(一) 神经网络的结构

人工神经网络由节点和连线组成。节点模拟人脑的神经元，连线模拟神经元之间的连接。神经网络按神经元的位置不同可分为：输入层、隐含层和输出层。

输入层的节点负责输入数据，本身没有计算功能。隐含层和输出层的节点具有加和与激活的计算功能。所谓加和，是指对某一节点所有的输入与相应连接线的权重的乘积进行加和。所谓激活，是指将加和所得到的值经过一定的数学变换形成该节点的输出。

(二) 神经网络的特点

神经网络的特点是其并行性、分布性和自适应性。

(1) 并行性是指神经网络的输入和信息在网络间的传输是以并行的方式进行的。计算机的 CPU 处理单个信息的速度是 ns（纳秒）级，人脑处理单个信息的速度是 ms（毫秒）级，但人脑在智能方面（识别、决策、判断等）的速度却远高于计算机，其原

---

① 杨淑媛. 现代神经网络教程 [M]. 西安：西安电子科技大学出版社，2020：3.

因在于人脑在处理信息时是以并行的方式进行的。人工神经网络吸取了人脑的这一特点，通过多个 CPU 并联的硬件系统实现并行功能，或通过软件模拟来形成单个 CPU 计算机信息处理的并行功能。

（2）分布性是指神经网络所模拟的实际过程的信息，或过程内变量间的关系，是分布在整个神经网络的连线中，或分布在神经网络各条连线的权重上。对于相对简单或较为确定的过程，其自变量和因变量的关系可以通过代数方程、微分方程或偏微分方程等数学模型来表示。但若过程为高度非线性或有强烈的不确定性，此时用一般的数学模型来表达内部过程的因果关系就十分困难。而使用神经网络则可以将这种复杂的因果关系分散式地储存在整个网络中，从而达到建立过程模型的目的。

（3）自适应性是指神经网络具有学习功能。对于难以用一般数学模型描述的高度非线性过程，可以通过采集过程的输入数据及相应的输出数据，即过程的输入—输出数据，并使用这些数据对神经网络进行训练，达到建立过程模型的目的。训练的过程是神经网络通过一定数学方法修改其各条连线权重的过程。当训练完成后，神经网络内各条连线的权重达到一组数值，该神经网络即具有描述过程内因果关系的能力，当已知输入的数值时，该神经网络即可给出正确的输出数值。这种情况就称为神经网络的自适应性。对于不确定性很强的过程，可以定时对过程的输入、输出数据采样，定时对网络进行训练，使网络随时适应过程的变化。

（三）神经网络的训练方法

神经网络必须按一定的规则进行训练后，才能逐步修改网络的各个权重，以至网络最终的各权重值使该神经网络能较好地代表所模拟的对象或过程。

（1）准备数据样本集。为了对神经网络进行训练，需事先准备好训练用的数据样本集。数据样本集由样本组成。一个样本由已知的输入数据向量和相应的输出数据向量构成。同时，要准备好测试用的数据样本集。测试用的数据样本集的样本数目不少于训练用数据样本集样本数目的 1/2。

在使用数据样本集前，应对数据进行尺度变换和预处理。尺度变换是将样本中的输入及输出数据变换到 [-1，1] 或 [0，1] 的范围内。数据预处理是对数据进行和、差、倒数、平均等运算，目的是提取数据中的信号特征。网络越大，数据样本集中样本的数目也越多，样本集中样本的数目一般应为网络权重的 5～10 倍。

（2）训练和测试。目前常用的一种神经网络训练方法是误差反向传播算法（EBP），简称 BP 法。在这种方法中，工作信号（输入值、权重和激活方法的函数）是前向传递，误差（网络输出与训练用输出数据之差）是反向传递。对神经网络训练的过程，是通过修正各连线权重来减小总误差的过程。之所以有误差，是因为网络连线的权重设置不适当，每一个权重对误差都有贡献。修正权重的原则是：对误差贡献大的权重，权重的修正量也大；对误差贡献小的权重，权重的修正量也小。对误差贡献为 0 的权重，该权重不再修改。可以用一阶梯度法或最快速下降法来实现上述目的。

神经网络 BP 训练方法的主要优点是：只要有足够多的隐含层和隐含层节点，使用这种算法的网络就可以逼近任意的非线性映射关系。同时，BP 网络适用于有噪声的数据或不完全的数据，有容错能力，具有泛化能力。BP 算法的主要缺点是：由于目标函数是全体权重的函数，是关于连线权重的复杂的超曲面，因而网络计算收敛速度慢，并有可能收敛在局部极值处而非全局最优处。

训练完成后，对神经网络还要测试。测试用的样本集应与训练用样本集不同。测试样本集数据的数值范围，应在训练用样本集数据数值范围之内，因神经网络对过程的模拟具有内插性，但不具备外延性。

二、神经网络在污水处理中的应用前景

近年来，人们认识到神经网络的强大功能，尤其是其充分逼近任意复杂的非线性函数的能力（即非线性映射能力），加之在对污水处理系统进行数学模拟遇到了困难，很多学者在开发新的更精确、实用的活性污泥数学模型的同时，开始致力于用神经网络模拟和控制污水处理过程的研究，并取得了一些成果。

虽然近年来很多学者都开始研究将神经网络应用于污水处理过程，尤其在国外这已成为研究热点之一，但大多数研究仍停留在实验室阶段。建立的多数神经网络模型属静态模型，不完全适合污水处理的在线控制。要用神经网络或与其他技术结合实现对污水处理过程完全的和高品质的控制还有很长的路要走。联系已有的研究成果，结合对污水处理过程特点和神经网络技术的认识，对神经网络的研究应从以下五个方面加强：

（1）将神经网络用于污水处理过程最终和最直接的目的是实现对污水处理过程的高性能控制。由于各种智能控制方法都有其优势和不足，若能将两种和两种以上智能控制方法适当地结合起来，吸取各自的长处，则可组成比单独一种控制系统性能更好的综合（集成）智能控制系统。针对不同污水处理工艺建立不同综合（集成）智能控制系统是主要研究方向之一，这种综合（集成）智能控制系统可能是神经控制与另外一种或几种智能控制技术的结合，或者是神经控制与传统控制技术的结合，如模糊神经控制系统、模糊神经网络自学习控制系统、神经模糊推理系统、基于遗传算法的神经控制系统、神经网络专家智能协调控制及神经 PID 控制等。

（2）神经网络固然功能强大，但并不是所有的过程参数都适合用神经控制。因

此，仍应加强对污水生物处理的活性污泥数学模型的研究，建立规范适用的模型参数测量方法体系，通过理论和应用研究确定不同污水处理工艺中的不同过程控制参数分别适用的控制方法，并最终确定智能控制和模型控制的结合方式。

（3）污水处理过程像其他工业过程一样会由于不确定因素和外界的干扰而出现故障，且污水处理过程中的不确定因素比一般工业过程更多，出现故障的可能性更大。因此，如何在故障出现之前做到准确预测分析，以避免或减少故障给正常生产带来的不便和经济损耗是污水处理厂面临的重要课题。根据已积累的污水厂运行管理经验，利用神经网络和专家系统等智能方法建立通用性预测与故障分析系统是解决这一问题的方案。

（4）一直以来，困扰污水处理厂自动控制的一个重要因素是在线仪表的实时品质。污水处理过程的重要参数是污水进出水水质参数，而反应污水水质的最重要参数有机污染物浓度（BOD 或 COD）至今还没有实时在线传感器。因此，用神经网络将这些难以实时检测的参数与污水处理的一些易检测过程参数联系起来，建立其可靠的相关关系，从而间接实现对污水水质参数在线实时检测的目的，这就是所谓的"软测量"技术。应当指出，这些参数之间的相关关系会随不同污水种类、不同污水处理工艺及工艺运行而有所区别。

（5）虽然已经积累了相当丰富的污水处理理论与实践知识，人们对污水处理过程的认识还不足够深刻。应积极开展利用分子生物学技术和生化分析技术对活性污泥混合液中的活性生物量进行测量的研究，在此基础上研制出可用于实际污水处理过程的优质可靠的生物传感器。

结束语

　　近年来，随着城市规模的不断扩大，地下排水工程快速发展，产生了大量、复杂的管网数据和图形资料，城市管理工作日益复杂，对管理手段的要求也越来越高。因此，建立现代化的城市排水管理系统，实现对排水的科学化管理是发展的必然趋势。当前，我国水环境保护、水污染防治已深入人心，受到了国家各级领导的高度重视，随着我国经济实力的增强，城市污水处理的建设事业将得到持久发展。

参考文献

一、著作类

[1] 陈吉宁，赵冬泉．城市排水管网数字化管理理论与应用 [M]．北京：中国建筑工业出版社，2010．

[2] 崔福义，南军，杨庆．给排水工程仪表与控制（第 3 版）[M]．北京：中国建筑工业出版社，2017．

[3] 李亚峰，晋文学，陈立杰．城市污水处理厂运行管理 [M]．北京：化学工业出版社，2016．

[4] 马勇，彭永臻．城市污水处理系统运行及过程控制 [M]．北京：科学出版社，2017．

[5] 任伯帜．城市给水排水规划 [M]．北京：高等教育出版社，2011．

[6] 肖羽棠．城市污水处理技术 [M]．北京：中国建材工业出版社，2015．

[7] 杨淑媛．现代神经网络教程 [M]．西安：西安电子科技大学出版社，2020．

二、期刊类

[1] 曹小勇．微生物技术在城市污水处理中的应用 [J]．清洗世界，2021，37(6)：21-22．

[2] 程辉．环境工程中的城市污水处理分析 [J]．中国资源综合利用，2021，39(5)：176-178．

[3] 董欣，陈吉宁，曾思育．城市排水系统集成模拟研究进展 [J]．给水排水，2008，34(11)：118-123．

[4] 高婉斐，朱记伟，杨帆，等．城市排水大数据平台构建及在城市排水管网规划中的应用 [J]．给水排水，2019，45(9)：128-132．

[5] 韩红桂，张璐，卢薇，等．城市污水处理过程动态多目标智能优化控制研究 [J]．自动化学报，2021，47(3)：620-629．

[6] 郝建佳．环境工程中城市污水处理分析 [J]．建材发展导向（上），2021，19(3)：342-343．

[7] 姜容，邵银霞，李光炽．外河对城市排水管网影响的数值模拟研究 [J]．水力发电，2017，43(10)：94-98．

[8] 蒋海涛.城市排水体制的思考 [J].人民长江,2008,39(23):17-18.

[9] 李鹏博,林汉良.基于模糊神经网络的城市排水预测 [J].科学技术与工程,2020,20(14):5772-5776.

[10] 李竹田.城市污水处理工程技术分析 [J].资源节约与环保,2021(3):86-87.

[11] 刘海英.市政工程道路排水管道施工技术要点 [J].绿色环保建材,2021(07):117-118.

[12] 柳大宇.城市排水设施应急管理体系优化研究 [D].长春:吉林大学,2016:33-39.

[13] 罗海军,张睿,徐辉.改善城市排水泵站进水流态的试验研究 [J].中国农村水利水电,2019(1):176-179.

[14] 秦成龙,虞潮洋.海绵城市理念在市政道路排水施工中的应用分析 [J].智能建筑与智慧城市,2021(09):166-167.

[15] 沈耀良.城市污水处理技术:走向低碳绿色 [J].苏州科技大学学报(工程技术版),2021,34(3):1-16.

[16] 盛平,喻一萍.城市排水在线监测系统的应用 [J].排灌机械,2009,27(3):190-195.

[17] 苏鹏.低能耗城市污水处理工艺分析 [J].建材发展导向(上),2021,19(6):16-17.

[18] 苏芷莉.新世纪城市排水的战略与决策 [J].科技进步与对策,2001,18(3):27-28.

[19] 孙浩议.环境工程中城市污水处理技术的应用探析 [J].大众标准化,2021(4):38-40.

[20] 唐清华,何沛英,朱志华,等.已建城市排水管网的排涝能力评估方法 [J].热带地理,2016,36(4):626-632.

[21] 王凯军.可持续发展的新型、高效城市污水处理技术探讨 [J].给水排水,2005,31(2):32-35.

[22] 王淑梅,王宝贞,曹向东,等.对我国城市排水体制的探讨 [J].中国给水排水,2007,23(12):16-21.

[23] 王树东,王红波,谭华,等.基于 OPC 技术的城市污水处理集散控制系统 [J].电气传动,2011,41(12):73-78.

[24] 王涛,楼上游.中国城市污水处理工艺现状调查与技术经济指标评价 [J].给水排水,2004,30(5):1-4.

[25] 谢福会，杨凤忠，周本军．厌氧技术在城市污水处理上的应用 [J]．煤炭技术，2002，21（4）：41-42.

[26] 谢昆，尹静，陈星．中国城市污水处理工程污泥处置技术研究进展 [J]．工业水处理，2020，40（7）：18-23.

[27] 徐继君．城市污水处理对环境保护工程的重要性 [J]．资源节约与环保，2021（8）：15-16.

[28] 杨展里．我国城市污水处理技术剖析及对策研究 [J]．环境科学研究，2001，14（5）：61-64.

[29] 尹海龙，张惠瑾，徐祖信．城市排水系统智慧决策技术研究综述 [J]．同济大学学报（自然科学版），2021，49（10）：1426-1434.

[30] 于卫红．城市排水规划的热点问题探讨 [J]．中国给水排水，2006，22（8）：16-18.

[31] 喻泽斌，王敦球，张学洪．城市污水处理技术发展回顾与展望 [J]．广西师范大学学报（自然科学版），2004，22（2）：81-87.

[32] 张晴．城市污水处理的主要技术分析 [J]．科技与创新，2021（1）：151-152.

[33] 张素芬．城市污水处理中相关微生物技术的应用 [J]．云南化工，2021，48（6）：74-75，81.

[34] 张晓秦，王昊．山地城市排水工程规划的探讨 [J]．给水排水，2006，32（7）：3-6.

[35] 张忠岐．城市道路降噪排水路面设计与施工 [J]．公路，2009（08）：11-15.

[36] 郑鹰，康文刚．城市污水处理中紫外线消毒技术的应用 [J]．皮革制作与环保科技，2021，2（2）：79-80.

[37] 周荃．浅析给排水工程中城市污水处理 [J]．清洗世界，2021，37（6）：61-62.

[38] 周伟．城市污水处理在环境工程中的优化建议 [J]．船舶职业教育，2021，9（4）：69-71.

[39] 周一军．用于城市污水处理的现场总线技术 [J]．自动化仪表，2000，21（12）：1-3，16.

[40] 周玉文，戴书健．城市排水系统非恒定流模拟模型研究 [J]．北京工业大学学报，2001，27（1）：84-86，95.